Bernhard Cevey
Das Ende der Anweisung

BERNHARD CEVEY

DAS ENDE DER ANWEISUNG

6 Leadership-Tools
für wirksame Führung
heute

GABAL

Externe Links wurden bis zum Zeitpunkt der Drucklegung des Buches geprüft. Auf etwaige Änderungen zu einem späteren Zeitpunkt hat der Verlag keinen Einfluss. Eine Haftung des Verlags ist daher ausgeschlossen.

Bibliografische Information der Deutschen Nationalbibliothek

Die Deutsche Nationalbibliothek verzeichnet diese Publikation in der Deutschen Nationalbibliografie; detaillierte bibliografische Daten sind im Internet über http://dnb.d-nb.de abrufbar.

ISBN 978-3-86936-792-7

Unter Mitarbeit von Dr. Petra Begemann, Bücher für Wirtschaft + Management, Frankfurt am Main | www.petrabegemann.de
Lektorat: Eva Gößwein, Berlin | www.textstudio-goesswein.de
Umschlaggestaltung: Martin Zech Design, Bremen | www.martinzech.de
Grafiken: CEVEYCONSULTING GmbH
Autorenfoto: Fotostudio Karin, Rottenburg
Foto der Autoren des Vorworts: Valentin Marquardt, Acameo, Tübingen
Satz und Layout: Das Herstellungsbüro, Hamburg | www.buch-herstellungsbuero.de
Druck und Bindung: Salzland Druck, Staßfurt

Printed in Germany

www.gabal-verlag.de
www.facebook.com/Gabalbuecher
www.twitter.com/gabalbuecher

Inhalt

ANHANG

Für Susanne, Simon, Jonas und Marie

Vorwort

Das vorliegende Buch bildet das Kondensat einer mittlerweile über 30-jährigen intensiven Auseinandersetzung Bernhard Ceveys mit der Frage, was es bedeutet, andere Menschen zu führen: mit oder ohne Vorgesetztenfunktion, disziplinarisch, fachlich oder lateral, in hierarchisch strukturierten Aufbauorganisationen, in der Matrix, in Projekten oder Stabsfunktionen, dauerhaft oder zeitlich befristet. Aber auch im Hinblick auf Kunden, Lieferanten, Geschäfts- oder Kooperationspartner sind seine Überlegungen relevant. 20 Jahre davon waren wir an der Entwicklung und Weiterentwicklung der in diesem Buch präsentierten Konzepte und Tools unmittelbar und intensiv beteiligt. Wir freuen uns, diese jetzt einem noch breiteren Kreis von Entscheidern, Unternehmern, Führungskräften und HR-Verantwortlichen zur Verfügung stellen zu können – für den eigenen Gebrauch, für die Überprüfung bisheriger Vorgehensweisen, zum Ausprobieren oder zur Diskussion, zur kritischen Auseinandersetzung oder zur eigenen Adaption und Weiterentwicklung.

Dieses Buch positioniert sich ganz bewusst jenseits der sich immer schneller ablösenden Managementmoden, deren Halbwertszeit sich ohnehin nur schwer kalkulieren lässt. Zugleich ist die im Titel benannte Thematik vor dem Hintergrund der jetzt in das Berufsleben drängenden Generationen und der allseits beschriebenen Komplexität der heutigen Arbeitswelt hochaktuell und relevant. Es ist klar: Anweisung funktioniert nicht mehr. Hier macht das Buch ein konkretes Angebot. Unsere Erfahrung in zwei Jahrzehnten Beratungs- und Trainingstätigkeit in einem breiten Branchenspektrum hat gezeigt, dass die hier entfalteten Grundprinzipien tatsächlich tragen und in der Praxis in sehr unterschiedlichen unternehmerischen Kontexten wirken. Und zwar genau dann, wenn es darum geht, im direkten Gespräch andere

Menschen (Mitarbeitende, Kollegen, Geschäftspartner) dafür zu gewinnen, ihre Einstellungen und ihr Verhalten neu auszurichten oder zu verändern, um schwierige Aufgaben anzupacken oder sehr anspruchsvolle Ziele zu erreichen. Die beschriebenen Vorgehensweisen sind durch eine spezifische Konstellation aus Autonomie, Entschiedenheit, Klartext, Wertschätzung und Würdigung der anderen Person gekennzeichnet. Wir sind uns bewusst, dass sich jede starke Technik zur Überzeugung und Beeinflussung im Kontext von Kooperation und Führung daran zu messen hat. Sie muss in einem reflektierten Werteverständnis verankert sein, um ihre Wirkung entfalten zu können. Wichtig sind Beweglichkeit, eine gewisse Leichtigkeit in der Anwendung, Freude an der eigenen Leistung und der des anderen sowie das aufrichtige Interesse am anderen. Letzteres verstehen wir als eine bewusste Entscheidung, die Führungskräfte für sich zu treffen haben.

Die in diesem Buch empfohlenen Leadership-Tools folgen dabei keiner Doktrin. Sie basieren auf wissenschaftlichen Erkenntnissen (der Psychologie, der Überzeugungs- und Hirnforschung). Gleichzeitig sind sie offen und flexibel genug für die Weiterentwicklung und Anpassung an sich immer schneller verändernde Kontexte.

Tobias Heisig und *Alexander Wittwer*

Leadership-Experten und Geschäftsführer
der CEVEYCONSULTING GmbH

»Ansagen« funktionieren nicht mehr

»Die alte Hackordnung löst sich auf«, konstatierte der Publizist Wolf Lotter 2015 im Wirtschaftsmagazin *Brand eins*. Empirischen Beistand lieferte der Managementexperte Peter Kruse, der 400 Führungskräfte interviewte und zu dem Ergebnis kam: »Hierarchisch dominierte Vorausplanungen werden mehrheitlich abgelehnt. Die Zeit des Vordenkens und Anweisens ist vorbei.«[1]

Wirklich überraschend ist das nicht: Wer wollte bestreiten, dass autoritäre Ansagen im heutigen Unternehmensalltag kaum noch Platz haben? Die Gründe dafür sind vielfältig: Oft wissen Führende weniger über ein Thema als ihre Mitarbeiter. Komplexe Aufgaben erfordern Teamarbeit und gemeinsame Problemlösungen. Matrixorganisationen zwingen zur Zusammenarbeit auf Augenhöhe. Projekte machen die Einbindung von Kollegen ohne hierarchische Weisungsbefugnis notwendig. Selbstbewusste Wissensarbeiter entfalten ihr Potenzial nur, wenn sie sich nicht gegängelt fühlen.

Die »VUKA-Welt« einer volatilen, unsicheren, komplexen und ambigen (mehrdeutigen) Wirtschaft mit ihrer globalen Verzahnung und ihren digitalen Treibern ist mit den behäbigen Herrschaftsinstrumenten des vorigen Jahrhunderts nicht zu managen. Führung geht heute anders, sie muss schneller auf unvorhersehbare Änderungen reagieren und prozessorientierter und stärker auf Augenhöhe erfolgen. Darüber sind sich eigentlich alle einig. Nur: Wie genau funktioniert das?

Der Kooperationsmythos

Seit Jahrzehnten werden Jahr für Jahr neue Managementtheorien propagiert, Bücher zum Thema Führung füllen Bibliotheken. Theoretisch ist man sich weitgehend einig, dass man »kooperativ« vorgehen sollte. Doch wie das praktisch aussieht, bleibt weitgehend dem Einzelnen überlassen. Ich bin seit mehr als 25 Jahren in Unternehmen unterwegs, um zu moderieren, zu schlichten, zu coachen und Führungskräfte zu trainieren. Mir begegnet zunehmende Ratlosigkeit. Wie soll man gemeinsam Projekte stemmen, wenn die Kollegen genauso überlastet sind wie man selbst und deshalb nicht »mitziehen«? Was tun mit Mitarbeitern, die nach der dritten Umstrukturierung veränderungsmüde sind und vereinbarte Umsetzungsziele achselzuckend unterlaufen? Man wäre ja gern kooperativ, aber was ist, wenn die anderen nicht kooperieren?

Es ist paradox: Die moderne Wirtschaftswelt verlangt von allen Teilnehmern, ob Sachbearbeiter oder Manager, Lieferant oder Kunde, Kollege oder Führungskraft, *mehr* gegenseitige Abstimmung, *mehr* Kooperation und damit auch *mehr* Kommunikation als jemals zuvor. Doch wie man konstruktiv miteinander redet und zielführend kommuniziert, steht auf keinem Lehrplan. Die meisten Menschen verbringen in ihrem Leben mehr Zeit mit der Analyse poetischer Texte des 18. und 19. Jahrhundert als mit der Frage, wie man im (Unternehmens-)Alltag besser miteinander reden kann. In Unternehmen wird daher überwiegend geredet, wie der Schnabel gewachsen ist, und das ist nicht immer zielführend. Wenn ich mich zu Beginn von Seminaren erkundige, welche Situationen die Teilnehmer zukünftig besser bewältigen wollen, lauten typische Anliegen:

- »Wie gehe ich mit einem 55-jährigen Mitarbeiter um, der Leistung verweigert, die alten Zeiten glorifiziert und auch noch die Kollegen runterzieht?«
- »Wie bewege ich einen Kollegen dazu, in unserem Projekt Termine einzuhalten und seinen Part zuverlässig zu erfüllen? Er hat sie schon zweimal verschoben.«
- »Wie kann ich einen Top-Performer, der sich ins Team integrieren soll, überzeugen, eine ungeliebte Zusatzaufgabe zu übernehmen?«

- »Wie schaffe ich es, dass ein Mitarbeiter selbstständiger wird und nicht ständig nachfragt, wenn ich ihm eine Aufgabe übertragen habe?«
- »Wie verhandele ich mit einem ›schwierigen‹ Betriebsrat?«
- »Wie hole ich Kollegen ins Boot bei einem Projekt, das uns alle betrifft?«
- »Wie kann ich mit einem Lieferanten einen Preisnachlass aushandeln und gewährleisten, dass er trotzdem motiviert bleibt?«
- »Ich brauche mehr Budget für ein Projekt. Wie kann ich Entscheider davon überzeugen?«
- »Wie vereinbare ich nachhaltig Ziele? Häufig wird einem Ziel zwar formal zugestimmt, aber hinterher klappt es dann doch nicht.«

Ohne Zweifel ist Leadership mehr als angemessenes und erfolgreiches Handeln im Konfliktfall, auch wenn Reinhard K. Sprenger das anders sieht und postuliert: »Ohne Ziel- und Wertkonflikte bräuchten wir keine Führung.«[2] Leadership bedeutet auch, gemeinsam mit Mitarbeitenden, Kollegen, Teams, Kooperationspartnern und Kunden dafür zu sorgen, dass Aufgaben motiviert angepackt, Strategien wirksam umgesetzt, Projekte zielführend vorangetrieben und damit die anspruchsvollen Unternehmensziele erreicht werden. Darüber hinaus sollen die Potenziale der Mitarbeitenden entwickelt, systematische Lernprozesse initiiert und Gesundheit, Spaß und die Work-Life-Balance gesichert werden. Zu Leadership gehört es zudem, Menschen für gemeinsame Visionen zu gewinnen, ihnen Perspektiven aufzuzeigen und das Unternehmen insgesamt voranzubringen.

Doch der Bedarf an funktionierenden Tools wird vor allem dann angemeldet, wenn es »hakt« und schwierig wird. Fragen wie die eben aufgelisteten deuten auf einen Arbeitsalltag, der gleichzeitig hektisch ist und zäh wie Kaugummi, weil Gespräche nicht zum gewünschten Ergebnis führen, Vereinbarungen versanden, Konflikte eskalieren und Probleme verschleppt werden. Mit echter Kooperation und tatkräftiger Bewältigung aktueller Herausforderungen hat das häufig nur wenig zu tun. Selbst erfahrene (und erfolgreiche) Führungskräfte haben das Gefühl, dass es im Unternehmen zwar läuft, dass es aber eigentlich noch besser gehen müsste. Der bekannte Neurobiologe Gerald Hüther wundert sich, dass in zahlreichen Organisationen »sehr viel Energie« verbraucht werde, um die aus »gestörten Beziehungen erwachsenen Reibungsverluste einigermaßen zu kompensieren.«[3] Will man das ändern, sind Leadership und wirksame Kommunikation der Schlüssel dazu. Der Erfolg eines Unternehmens, einer Abteilung, eines Mitarbeiters erwächst nicht aus feurigen Visionen, die auf Topebene verkündet werden, sondern aus zielführendem Alltagshandeln.

Dabei sind Führende und auch viele Mitarbeitende in der Regel sehr kompetent darin, Kommunikationstechniken in normalen Kontexten anzuwenden. Doch für kontroverse Situationen oder schwierige Gespräche fehlt ihnen eine klare innere Struktur, ein detailliertes Bild ihrer Vorgehensweise. Gerade wenn es darauf ankommt, regieren Improvisation und Tagesform oder aber versteckte Wege der Einflussnahme wie Seilschaften und Buddy-Systeme. Da helfen dann weder die vier Schubladen situativer Führung noch das Vier-Ohren-Modell verschiedener Kommunikationsebenen nach Friedemann Schulz von Thun, auf die sich zahlreiche Führungstrainings beschränken (müssen). Was es braucht, sind einfache und jederzeit abrufbare Tools, mit denen sich herausfordernde Situationen im Unternehmensalltag besser bewältigen lassen.

Leadership bedeutet also auch, die schwierigen Führungs- und Kooperationssituationen in einer Weise zu lösen, dass die Akteure sich am Ende ehrlich und authentisch auf die Anforderungen einlassen, ungünstiges Verhalten korrigieren und mit hoher Motivation die geforderte Leistung auch bringen. Dafür – und als wirksame Alternative zu Anweisung, einseitigen Vorgaben und dem unstrukturierten Äußern von Erwartungen – liefert dieses Buch konkrete Leadership-Tools.

Wer sie beherrscht, praktiziert eine Zusammenarbeit der Leistungsorientierung und des vertrauensvollen Umgangs auf Augenhöhe. Er prägt eine Kultur der Eigenverantwortung und Sachorientierung, die nicht nur in ruhigem Fahrwasser Erfolge garantiert, sondern auch im Konfliktfall Respekt, Augenhöhe, innere Motivation und Sinnhaftigkeit der Aufgaben im Blick hat. Die Fähigkeit, offen und zielführend zu kommunizieren, entscheidet dabei darüber, ob es gelingt, die »PS auf die Straße zu bringen«. Es nützt nichts, wenn Sie genial sind, die anderen bei Ihren Vorhaben aber nicht mitnehmen können, sondern

Gleichgültigkeit oder sogar Widerstand auslösen. Erfolge entstehen erst durch Tun, durch gemeinsame Umsetzung.

Inhaltlich schlägt das Buch den Bogen von einer konstruktiv-positiven Grundhaltung, die Ihr Leben generell leichter machen wird, zu konkreten Formulierungen und Gesprächstechniken, mit denen Sie Ihre Vorhaben besser durchsetzen und gute Lösungen erzielen können. »Lösungen für mehr Leistung« lautet das Versprechen unseres Beratungsunternehmens, und diesem Geist folgt auch das Buch. Es propagiert eine menschlich faire, in der Sache hartnäckige Form der Kommunikation, die den wirtschaftlichen Kontext nicht aus den Augen verliert. Denn für reine Kuschelpädagogik ist im harten Wettbewerb von heute kein Platz.

Berücksichtigt wird auch, dass Leadership heute weit mehr umfasst als die Führung von Mitarbeitern. In internationaler Zusammenarbeit und komplexen Projekten, in Matrixkonstellationen und in neuen, »agilen« Organisationsformen wie Netzwerken ist erfolgsentscheidend, ob es gelingt, Leistungsträger einzubinden und sie auf abgestimmte Vorgehensweisen zu verpflichten. Die Gesprächsbeispiele am Ende der Kapitel decken daher klassische Führungssituationen wie Mitarbeitergespräche ebenso ab wie laterale Führung auf Kollegenebene oder die Verhandlung mit Lieferanten. Verbindende Erfolgsbasis ist das richtige Mindset: Wer verstanden hat, wie Einflussnahme auf Menschen grundsätzlich funktioniert, muss nicht mühsam »passende« Formulierungen im Kopf behalten, sondern kann aus diesem Wissen heraus in unterschiedlichen Kontexten souverän handeln.

6 Leadership-Tools für wirksame Führung heute

Welche Tools erwarten Sie auf den folgenden Seiten? Sie lernen insgesamt sechs Werkzeuge kennen, die Sie zukünftig für jedes Gespräch wappnen.

Positiver Loop

Das erste, grundlegende Tool nennen wir bei CEVEY-CONSULTING den »Positiven Loop«. Damit bezeichnen wir die Fähigkeit, in einer Situation die positiven Beweggründe seines Gegenübers zu sehen und das Gespräch unter diesem Vorzeichen zu führen. Man könnte auch sagen, der Positive Loop ist die Bereitschaft zur konstruktiven Unterstellung und damit die Basis jeder Kooperation. Das mag simpel klingen, ist in der Praxis jedoch alles andere als einfach, wie das folgende Beispiel zeigt:

Im Unternehmen sind Geschäftsführung und Betriebsrat heillos zerstritten. Es geht um Arbeitszeitregelungen, Eingruppierung von Mitarbeitern und Entlohnung. In dieser äußerst angespannten Situation betrachten beide Seiten einen Konflikt-Workshop als letzte Option, um doch noch die eigenen Ziele in einer dringend notwendigen Betriebsvereinbarung durchsetzen zu können. Als Teil eines Konzerns ist die deutsche Geschäftsführung aufgefordert, endlich abgestimmte und konzernweit gültige Regeln einzuführen. Der Betriebsrat dagegen steht unter Beschuss, weil er lange Zeit angeblich »zu weich« agiert hat. Alle sind voller Erwartung, wie dies im Workshop gelöst werden soll.

Statt über einzelne Vereinbarungen zu diskutieren, bitte ich die Beteiligten als Erstes, die aktuelle Situation unter folgenden Vorzeichen zu betrachten: »Unterstellen Sie der Gegenseite eine positive Absicht bei der Zielverfolgung – das heißt, gehen Sie davon aus, dass jeder aus seiner Warte heraus das Beste will – und prüfen Sie sich selbst:

- *Schaffen wir diese positive Unterstellung?*
- *Wie ändert sich damit der Blickwinkel auf den Konflikt?*
- *Was bedeutet das für die Interpretation der Aktionen der Gegenseite?«*

Es folgt langes Schweigen. Dann kommt eine Diskussion darüber in Gang, was das Vertrauen in der Vergangenheit so untergraben hat und warum es nicht einfach ist, der anderen Seite eine konstruktive Absicht zu unterstellen, auch wenn dies eigentlich in einem Unternehmen so sein sollte. »Wenn Sie Ihre Aufgabe, Arbeitgeber- und Arbeitnehmerinteressen zu vertreten, wirklich ernst nehmen, ist diese Fähigkeit wichtiger Bestandteil Ihrer Funktion«, werfe ich ein. Diese Provokation wird sofort akzeptiert. Erstaunlicherweise kann der Konflikt innerhalb kurzer Zeit beigelegt werden.

Kontroverse Gespräche verkommen häufig zu einem bloßen Austausch von Argumenten. Dieses Pingpong der Positionen blockiert eine echte Lösungsfindung, weil das Gegenüber als Gegner wahrgenommen wird, den man »besiegen« muss. Der Positive Loop erzeugt dagegen eine neue Gesprächsqualität und schafft damit die Grundlage erfolgreicher Kommunikation. Denken Sie an die letzte Diskussion mit einem Kollegen, Vorgesetzten oder Mitarbeiter, die Sie als fruchtlos empfunden haben oder die vielleicht sogar »alles nur schlimmer« gemacht hat: Was hätte sich möglicherweise geändert, wenn Sie dem anderen grundsätzlich honorige Beweggründe unterstellt hätten? Im ersten Kapitel dieses Buches erfahren Sie, wie Sie den Positiven Loop in der Praxis einsetzen.

Driver's Seat

Je komplexer die äußeren Anforderungen, desto eher neigen wir dazu, unsere Selbstbestimmung aufzugeben. Statt auf dem Fahrersitz des Lebens Platz zu nehmen, sind wir nur noch passiver Beifahrer oder – schlimmer noch – kauern wie gelähmt im Kofferraum. Wir sehen uns als Opfer der Umstände und werden zu Getriebenen. Im schlimmsten Fall führt dieses Verhalten geradewegs in die Erschöpfungsdepression (»Burn-out«), im Normalfall liefert die Opferhaltung Entschuldigungen und Ausflüchte: »Mit der Deadline hat es nicht geklappt, weil ich einfach zu viel auf dem Schreibtisch hatte«, vulgo: »Ich kann nichts dafür!« Im zweiten Kapitel lesen Sie, wie Sie das Steuer im Berufsalltag fest in der Hand behalten und wie Sie Mitarbeitende dazu bringen, ebenfalls auf dem »Driver's Seat« Platz zu nehmen.

Realitätsanker

Die Situation kennt vermutlich jeder: Unser Gegenüber müsste sich bewegen, um ein vereinbartes Ziel zu erreichen, eine getroffene Absprache tatsächlich einzuhalten oder seinen Beitrag zum Projekterfolg zu leisten. Doch der andere mauert, vertröstet zum wiederholten Male, findet Ausflüchte. Führungskräfte mit Weisungsbefugnis greifen schließlich zur Hierarchiekeule (»Ich erwarte von Ihnen, dass Sie ...«), Projektkollegen verzweifeln, drohen, schimpfen. Erreicht wird wenig oder nichts, die Beziehung ist belastet und das erschwert die nächste Kooperation. Wirksamer als Interventionen auf der Beziehungsebene ist in so einer Situation der konsequente Hinweis auf unverrückbare Tatsachen (»Bodenpunkte«), beispielsweise durch Aussagen wie: »Die Projektverzögerung kostet unser Unternehmen 500 000 Euro« oder »Wenn wir nicht am 1.10. liefern, droht uns eine Konventionalstrafe von 30 000 Euro«.

Im dritten Kapitel zeige ich Ihnen, wie Sie Ihr Gegenüber durch das Realitätsprinzip dazu veranlassen, die eigene Komfortzone zu verlassen. Damit tritt das Realitätsprinzip an die Stelle des hierarchischen Prinzips. Es ist auch der Schlüssel zum wirksamen Change. Die zentrale Frage lautet dabei: Wie wird ein Changeprojekt so strukturiert, dass Mitarbeiter aktiv mitgehen und zuverlässig ins Tun kommen, weil sie von dessen sachlicher Notwendigkeit selbst überzeugt sind? Als Berater und Begleiter von Changeprozessen antworten wir bei CEVEY-CONSULTING darauf mit dem Realitätsanker: Hat man im Vorfeld eines Changeprojektes die realen Gegebenheiten, deren Bedeutung und die daraus abzuleitenden Maßnahmen mit den Betroffenen ausführlich verhandelt, beugt dies offenem oder verstecktem Widerstand gegen das Projekt weitgehend vor. Kooperativ erarbeitete und damit verbindlich installierte Bodenpunkte sind wirksame Treiber des Geschehens. Sie verhindern, dass nach Projektstart viel Energie investiert werden muss, um nachträglich Beteiligte doch noch mit ins Boot zu holen.

Zielprojektion

Der Mensch ist das einzige Wesen, das sich langfristige Ziele setzen kann und durch positive Zielbilder in seinem Tun beflügelt wird. Viele erfolgreiche Sportler beispielsweise werden durch die Visualisierung ihres Sieges durch kräftezehrende Trainingsphasen getragen. Die Zielprojektion nutzt diese Fähigkeit und sorgt für die nachhaltige Bindung an ein Ziel. Klassische Zielvereinbarungen dagegen erzeugen häufig nur oberflächliche Zustimmung. Der Grund: Nur *selbst kreierte* Ziele sind langfristig wirksam. Zielprojektion ist ein wichtiges Leadership-Tool, das echtes Ziel-Commitment bewirkt und gleichzeitig die Handlungsplanung erleichtert. Wesentlich ist dabei das Erreichen von Erfolgszuversicht. Wie Sie Ihr Gegenüber zu aktiver innerer Beteiligung an einer Zielformulierung veranlassen, erfahren Sie im vierten Kapitel.

Überzeugungssog

Druck erzeugt Gegendruck, Überredungskünste bewirken allenfalls halbherzige Zustimmung. Um ein Gegenüber wirklich verlässlich ins Handeln zu bringen, muss es sich aktiv selbst auf die entsprechende Position zubewegen und aus eigenem Antrieb Ja sagen. Das gelingt, indem man so argumentiert, dass der Verhandlungspartner die Lösung, die (auch) den eigenen Interessen dient, als beste akzeptiert und »kauft«. Erreicht wird das durch wertschätzende Gesprächsführung, zwingende Argumentation und durchdachte Einwandbehandlung. Das kostet etwas Zeit – Zeit, die sich durch die Verhinderung späterer Reibungsverluste vielfach auszahlt. »Sog statt Druck« ist ein Fundamentalprinzip der Überzeugung, das im fünften Kapitel eingeführt wird.

Gesprächs-Masterplan

Wer einem bewährten Plan folgt, erhöht seine Erfolgschancen beträchtlich. Das gilt auch für wichtige und/oder herausfordernde Gespräche. Das letzte Kapitel vermittelt eine übersichtliche, einfach zu handhabende Gesprächsstruktur und zeigt, wie die fünf Leadership-Tools vom Positiven Loop bis zum Überzeugungssog dabei zum Einsatz kommen. Die fünf Gesprächsschritte, die einen Gesprächspartner mit hoher Wahrscheinlichkeit konstruktiv ins Handeln bringen, sind:

1. Situationsdefinition
2. Kommunikation der Realität
3. Einwandbehandlung
4. Herausarbeiten des Ziels, Vereinbarung
5. Abschluss

Der Masterplan setzt der Improvisation und den bloßen Zufallserfolgen in schwierigen Gesprächen ein Ende und sorgt für eine souveräne, ergebnisorientierte Gesprächsführung. Er garantiert einen echten Dialog und damit die Aktivierung des Gegenübers.

Das Erfolgs-Mindset: Aktivieren statt Anweisen

Lippenbekenntnisse zu »kooperativer« Führung bewirken gar nichts, solange Führungskräfte insgeheim hoffen, dass ihre Mitarbeiter im Ernstfall (also da, wo Interessen aufeinanderprallen) doch bitte schön »vernünftig sind« und sich den Vorstellungen ihres Vorgesetzten rasch beugen. Auch im Umgang mit Kollegen, Kunden oder Dienstleistern verpuffen Kooperationsangebote, wenn es beim ersten Anzeichen von Widerstand zu einem Rückfall in das bekannte autoritäre Verhaltensrepertoire kommt: Überredungsversuche, Unterstellungen, Drohungen, Anweisungen.

Wer es dagegen ernst meint mit der Kooperation, wer echte Zustimmung erreichen und seine Ziele nachhaltig umsetzen will, muss sich auf einen Dialog einlassen. Er sollte in der Lage sein, konstruktiv mit Widerstand umzugehen, die Interessenlage seines Gegenübers einzuschätzen und Zielstrebigkeit mit Wertschätzung und Geduld zu verbinden. Kurz: Er braucht das passende Mindset.

Gute Lösungen sind dann erfolgreich und nachhaltig, wenn die Verantwortlichen mit Offenheit, Augenmaß und Durchsetzungskraft agieren. Dafür ist die innere Haltung entscheidend, man sollte sich also fragen:

- Wie viel Respekt bringe ich meinem Gegenüber entgegen?
- Gestehe ich ihm eine eigene Meinung und Persönlichkeit zu, ohne dies negativ zu werten?
- Gehe ich grundsätzlich davon aus, dass der andere im Rahmen seiner Situationseinschätzung und Handlungsmöglichkeiten ebenfalls das Beste will?
- Behandele ich mein Gegenüber als eigenverantwortlichen Erwachsenen, dem Klartext und sachgerechte Forderungen zumutbar sind?
- Sehe ich mich selbst als jemandem, der sich nicht zum

»Getriebenen der Umstände« machen lässt, sondern selbstverantwortlich die Dinge in die Hand nimmt?
- Bin ich in der Lage, widerstreitende Interessen zu erkennen und aus einer Art Vogelperspektive heraus nach Lösungsmöglichkeiten zu suchen?
- Ist mir bewusst, dass ich andere Menschen zwar nicht ändern oder »erziehen« kann (am wenigsten durch Zwang und Anweisungen), dass ich sie aber zu einem anderen Verhalten veranlassen (»aktivieren«) kann, wenn ich selbst mein Verhalten verändere?

Mit dem richtigen Mindset geht aktivierende Kommunikation in Fleisch und Blut über – sie gelingt, weil sie einer inneren Überzeugung folgt. Erfolgreiche Kommunikation erwächst nicht aus rhetorischen Kniffen, sondern aus der Fähigkeit, mit dem Gegenüber in echten Dialog zu treten, »Resonanz« zu erzeugen. Wer dies glaubwürdig (das bedeutet: aus einer inneren Haltung heraus) anstrebt, kann sein Gegenüber auch dann erreichen, wenn nicht jede seiner Formulierungen optimal ist. Dieses Buch wird Sie ermuntern, nicht nur an Ihren Gesprächstechniken zu arbeiten, sondern vor allem Ihre Einstellung zu anderen Menschen bewusst und gezielt zu gestalten – getreu der psychologischen Grundeinsicht, dass es die tieferen Schichten der Persönlichkeit (Charakterzüge und Einstellungen) sind, die unser Verhalten steuern.

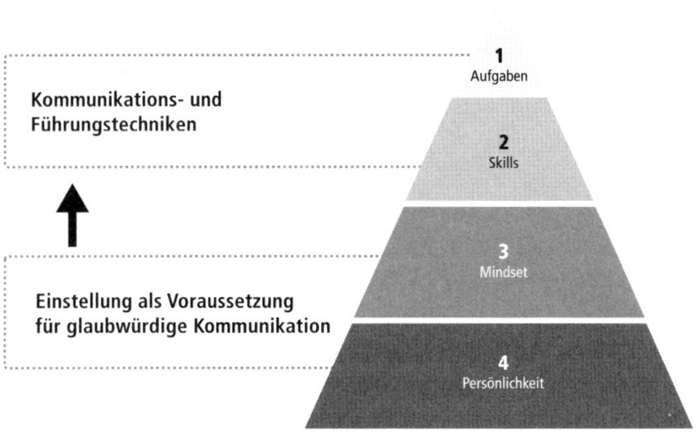

Abb. 1: Das Mindset bestimmt das Verhalten.

Eine wesentliche (vielleicht sogar die wichtigste) Erkenntnis in puncto Einflussnahme ist: Ich kann jemand anderen nicht zu etwas bewegen. Ich kann nur die passenden Voraussetzungen schaffen, dass er *sich selbst bewegt*. Nachhaltiger Einfluss bedeutet immer, dass beim anderen etwas passiert. Alles andere ist nicht mehr als eine kurzfristige Überredung, Überrumpelung oder widerwillig ertragener Zwang.

Das Geheimnis der Resonanz

Wirklich überraschend ist das nicht. Wir Menschen beeinflussen uns im Alltag ständig, und das mehr oder weniger bewusst. Wir reagieren unweigerlich darauf, wie unsere Umgebung sich verhält. Das beginnt bei körperlichen Reaktionen: Wenn im Konzertsaal einer anfängt zu husten, setzt sich das bald in einer Hustenarie in allen Saalecken fort. Gähnt Ihr Gegenüber in der Bahn mehrfach, müssen Sie wahrscheinlich auch gähnen. Aber auch Emotionen sind ansteckend, wie ich Anfang 2017 am eigenen Leib erfuhr:

> *Auf einem Businessflug wurden die Flugbegleiter plötzlich nervös. Ein Steward blätterte hektisch in einem Handbuch, seiner Kollegin strömten bereits die Tränen übers Gesicht, Unruhe machte sich breit. Dann wurden wir vom Kapitän informiert, möglicherweise ließe sich das Fahrwerk nicht ausfahren und wir müssten eine Notlandung durchführen. Der Passagier neben mir drohte zu hyperventilieren. Doch bevor allgemeine Panik ausbrechen konnte, ergriff die Chefstewardess das Mikro und erklärte mit ruhiger Stimme und im schönsten Schwäbisch: »Dees kommt immer mal vor.« Bei diesem Flugzeugtyp würden gelegentlich Fahrwerksprobleme angezeigt, obwohl das Fahrwerk funktioniere. Wie zuvor die Panik der jüngeren Kollegen wirkte jetzt auch die Ruhe der Chefstewardess ansteckend. Weniger, was sie sagte, sondern eher, wie sie es sagte, weckte die Zuversicht, dass es vielleicht doch nicht so schlimm kommen würde. In der Tat verlief die Landung dann reibungslos, und das vorausgegangene Wechselbad heftiger Gefühle hatte eindrucksvoll gezeigt, wie stark Menschen aufeinander reagieren.*

Diese gegenseitige Einflussnahme, die auch ganz ohne Worte entstehen kann (nervös waren wir schon vor der Durchsage, einfach durch

Beobachtung des Kabinenpersonals), bezeichne ich als »Resonanz« (vgl. Abbildung 2). Dafür gibt es eine neurobiologische Ursache: die Spiegelneuronen (siehe Exkurs). Sie befähigen uns zur Empathie, zur Wahrnehmung, wie es um den anderen bestellt ist, und zur angemessenen Reaktion darauf. Diese Reaktion keimt in uns selbst auf und ist weit mächtiger als jede Anweisung von außen. »Hab Mitleid!« zu fordern ist beispielsweise ähnlich absurd wie die Aufforderung, spontan zu sein. Entweder man fühlt Mitleid – oder man fühlt es nicht.

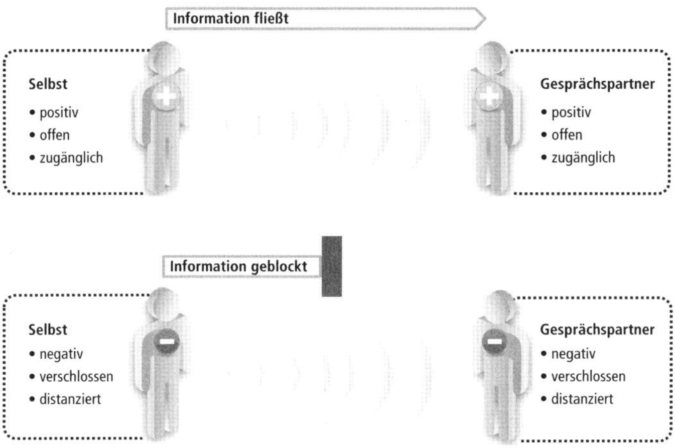

Abb. 2: Resonanz funktioniert positiv wie negativ.

Dass Einflussnahme anders funktioniert, als wir gemeinhin annehmen, betont auch der US-Psychologe Robert Cialdini. Seit seinem viel beachteten Buch über »Die Psychologie des Überzeugens« Ende der Neunzigerjahre gilt Cialdini als der Experte für Beeinflussung. Heute vertritt er die Auffassung, dass die eigentliche Einflussnahme häufig schon beginnt, bevor wir unser Anliegen überhaupt formulieren, und bezeichnet dies in Abwandlung des englischen »Persuasion« mit dem Kunstwort »Pre-Suasion«.

Ein besonders eindrückliches Beispiel Cialdinis handelt von einem extrem erfolgreichen Verkäufer von Brandschutzanlagen für Privathäuser. Jim macht nicht nur etwas mehr Umsatz, sondern ist all seinen Kollegen um

Spiegelneuronen – Warum wir spüren, wie es anderen geht

Gähnen oder Lachen sind ansteckend, wir weinen im Kino und frösteln, wenn wir von grausamen Erlebnissen anderer lesen. Seit Mitte der Neunzigerjahre machen Neurowissenschaftler dafür »Spiegelneuronen« verantwortlich: Nervenzellen, die auch dann aktiv werden, wenn wir etwas nur beobachten. Als Entdecker der Spiegelneuronen gilt Giacomo Rizzolatti, der 1996 in einem Experiment zur Handlungsplanung bei Affen zufällig entdeckte, dass im Affengehirn bestimmte Regionen auch dann »ansprangen«, wenn der Affe nicht selbst handelte (nach einer Nuss griff), sondern lediglich den Versuchsleiter beim Handeln (dem Greifen nach der Nuss) beobachtete. Forscher sahen in den Spiegelneuronen alsbald die Quelle von Empathie, ja sogar von Verstehen generell. Inzwischen ist der Hype abgeebbt, und es herrscht weitgehend Konsens, dass zum Verständnis des komplexen Empathiesystems im Gehirn noch viel Forschung nötig ist.

Sicher ist jedoch: Die meisten Menschen sind intuitiv in der Lage, zu spüren, wie es einem anderen geht und welche Emotionen ihn umtreiben, und für diese Fähigkeit gibt es ein neurologisches Korrelat im Gehirn. Beeinträchtigt wird dieses Resonanzsystem durch starke eigene Emotionen – wer wütend oder nervös ist, bekommt weniger vom anderen mit. Auch durch rationale Überlegungen können wir uns abschotten – wer der Meinung ist, Gefühle täten in der aktuellen Situation nichts zur Sache, bremst die Spiegelneuronen aus. Wenn Sie demnächst also ein Gesprächsklima als »unterkühlt« empfinden, den diffusen Eindruck haben, einen Mitarbeiter bedrückt etwas, oder wenn Sie sich von der guten Laune anderer »anstecken« lassen, haben Sie das Ihren Spiegelneuronen zu verdanken.[4]

Die Resonanzerfahrung, zu der uns Spiegelneuronen befähigen, erfolgt meist unwillkürlich. Doch wer sich dieses Mechanismus bewusst ist, kann damit das Gesprächsklima und die Kooperationsbereitschaft des Gegenübers auch aktiv steuern. Wer sich beispielsweise darauf »polt«, sich auf die positiven Absichten des anderen zu fokussieren, auch wenn dieser in der Sache anderer Meinung ist, schafft einen Rahmen, in dem der andere ebenfalls eher konstruktiv reagiert. Dies ist das Geheimnis des »Positiven Loops«, der im nächsten Kapitel ausführlich Thema ist. Wer selbst ausstrahlt: »Ich gehe davon aus, dass du das Beste willst«, deeskaliert und aktiviert bei seinem Gegenüber Kooperationsbereitschaft.

Längen voraus. Cialdini begleitete den Ausnahmeverkäufer und beobachtete, dass Jim zu Beginn jedes Gesprächs einen einfachen Trick anwandte: Als Erstes sollten die Kunden (meist Ehepaare) einen Fragebogen zu ihrer Immobilie ausfüllen. Während sie damit begannen, schlug Jim sich an die Stirn: »Oh, ich habe wirklich wichtige Infos im Auto gelassen.« Ob es okay sei, wenn er kurz rausgehe und sie hole? Er wolle den Test nicht unterbrechen. Fast alle Kunden stimmten zu, viele gaben ihm sogar ihren Hausschlüssel, damit er wieder hereinkam. Auf die Frage Cialdinis, warum er so vorging, antwortete Jim: »Wen lässt du ohne Aufsicht in deinem Haus ein- und ausgehen?« und: »Ich möchte in den Köpfen der Familienmitglieder mit ›Vertrauen‹ verbunden werden.«[5]

Der Verkäufer schuf ein Setting, in dem er wie ein guter Bekannter oder Freund wahrgenommen wurde. Wie sein Verhalten ethisch zu beurteilen ist, steht auf einem anderen Blatt. Deutlich wird jedoch, dass eine positive emotionale Einordnung (positive Resonanz) ein positives Gesprächsergebnis offenbar massiv fördert. Neurobiologisch lässt sich dies als Aktivierung entsprechender neuronaler Netzwerke beim Gegenüber beschreiben. Oder alltagssprachlich formuliert: Ich beeinflusse, wie der andere sich fühlt und in welche Richtung er denkt, indem ich Signale sende, auf die er sich empathisch (qua Spiegelneuronen) einschwingt.

Wenn es mir gelingt, diesen Empathie-Mechanismus des Gesprächspartners zu aktivieren, erzeuge ich beim anderen genau die emotionale Verfassung, die letztlich den Überzeugungsprozess und die gute Zusammenarbeit begünstigt:

- Beim Positiven Loop ist das Vertrauen,
- beim Driver's Seat die Selbstbestimmung,
- beim Realitätsanker die Offenheit für Fakten,
- bei der Zielprojektion die Bereitschaft, sich auf positive Zukunftsszenarien einzuschwingen, und
- beim Überzeugungssog strahle ich aus, dass ich mir ein ehrliches Ja von meinem Gegenüber wünsche und dass dies die Grundlage meiner Beziehung zu der anderen Person ist. Kommt dies beim anderen an (wirkt die Resonanz), spürt der andere unwillkürlich, dass wir dialogisch die Lösung erarbeiten, und bringt sich dann konstruktiv ein.

Überzeugung durch Resonanz – ein Beispiel aus dem Arbeitsalltag

Nehmen wir an, eine engagierte Mitarbeiterin bittet Sie per Mail, ihr ein gerade frei gewordenes Einzelbüro auf der Etage zu überlassen. Sie wollen der Bitte nicht nachkommen, weil Sie befürchten, dass sich das Klima im Team durch diese »Bevorzugung« verschlechtern würde. Andererseits möchten Sie Ihre Leistungsträgerin nicht demotivieren. Statt per Mail bedauernd, aber knapp abzulehnen, könnten Sie die Mitarbeiterin ansprechen und sie in Ihr Büro bitten: »Ich würde das gerne persönlich mit Ihnen besprechen.« Dort erklären Sie die Situation: »Ihre Mail bringt mich in ein Dilemma.« (Selbsteröffnung, vgl. Kapitel 1) Anschließend nehmen Sie sich Zeit für einen Austausch, bis Sie den Eindruck haben, die Mitarbeiterin kann Ihre Entscheidung tatsächlich nachvollziehen. Ihr eigenes Mindset (»Ich gehe davon aus, dass du offen bist«, »Ich möchte mich mit dir so lange auseinandersetzen, bis du die Hintergründe nachvollziehen kannst«, »Deine Initiative ist okay – wir besprechen das in aller Ruhe«) löst beim anderen neben der Sachinformation über das Resonanzphänomen eine Einstellung aus, die Ihrer konstruktiven Einstellung gleicht und das Finden einer gemeinsamen guten Lösung begünstigt: »Ich bin offen für Argumente«, »Ich bin interessiert, deinen Standpunkt zu hören«, »Wichtig ist es, eine abgestimmte Lösung zu erzielen«.

In diesem Resonanzrahmen wird Ihr Gegenüber sich eher bewegen und Ihre Position schließlich teilen können. Eine kurze Mailabsage dagegen würde schon qua Medium und Kürze von Ihrer Seite aus eine andere Stimmungslage transportieren: »Deine Forderung ist völlig unangemessen«, »Du möchtest dir offensichtlich Vorteile verschaffen«. Dies würde eine negative emotionale Resonanz (Unmut) beim Gesprächspartner erzeugen: »Wie konnte ich überhaupt das Thema ansprechen?«, »Es war doch klar, dass das nicht positiv ankommt«. Diese negative Grundstimmung verhindert dann die Akzeptanz von Argumenten und sachlichen Informationen.

Ohne diese »emotionale« Bereitschaft (Aktivierung der relevanten neuronalen Netzwerke) greifen die Argumente und die kommunizierten Informationen nur bedingt. Die Einstellung zu sich und anderen kann jeder von sich aus gestalten – indem er die Leadership-Tools anwendet und lebt.

Die Leadership-Tools in diesem Buch gehen daher von der Einsicht aus, dass die wirksamste Einflussnahme indirekt erfolgt und durch eine entsprechende Resonanzerfahrung beim anderen entscheidend begünstigt wird. Sie ersetzen das »Tue A« oder »Tue B« einer Anweisung durch Instrumente, die es dem anderen nahelegen, sich auf Ihre Position zuzubewegen, weil sie die Klärung von Sachfragen in eine positive Beziehung einbetten. Dazu müssen Sie nicht zu manipulativen Tricks greifen wie Cialdinis Verkäufer, wie das Beispiel auf der vorherigen Seite zeigt.

Auf einen Blick

- Anweisungen versagen in einer komplexen Arbeitswelt, in der Erfolge die engagierte Zusammenarbeit von Mitarbeitenden, Kollegen und Projektbeteiligten voraussetzen.
- Viele Menschen (Führungskräfte wie Kollegen) bekennen sich zwar zu kooperativem Verhalten, fallen aber in Drucksituationen und bei Widerstand in autoritäre oder direktive Verhaltensmuster zurück.
- Für nachhaltige Einflussnahme muss *der andere* sich bewegen. Sie können günstige Voraussetzungen dafür schaffen, ihn aber nicht dazu zwingen.
- Menschen reagieren unwillkürlich aufeinander, wenn sie in Kontakt treten. Spiegelneuronen sind dafür verantwortlich, dass wir uns aufeinander »einschwingen«. Das bezeichne ich als Resonanz.

- Die Leadership-Tools gehen von einem positiven Menschenbild aus. Zugrunde liegt ihnen eine Einstellung des Respekts für den anderen, der Augenhöhe, der Selbstbestimmung, des Realitätsprinzips und der positiven Lösungsorientierung.
- Die Einstellung zu sich und andern kann jeder selbst mitbestimmen und gestalten. Auf diese Weise entstehen über das Resonanzprinzip sehr wirksame Einflusschancen.
- Die Leadership-Tools aktivieren die passende Resonanz im Gespräch. Sie veranlassen Ihr Gegenüber, offen zu sein, sich verantwortlich zu fühlen, sachlich zu werden und sich zu bewegen, und fördern so die Erreichung Ihrer Ziele.

➔ Erfolgsformel
DIE SCHLÜSSEL: MINDSET UND RESONANZ!

1. DAS SPIEL DREHEN: POSITIVER LOOP

Positiver Loop bedeutet:
Ich unterstelle meinem Gesprächspartner eine positive Absicht bei der Zielverfolgung. Dadurch gelingt es mir, konstruktive Seiten am anderen wahrzunehmen und diese für wirksame Kommunikation und eine erfolgreiche Zusammenarbeit zu aktivieren.

Einsatzmöglichkeiten:
Alle Gespräche und Verhandlungen, in denen die Beteiligten unterschiedliche Auffassungen vertreten (Konfliktgespräche, Kritikgespräche, Feedback und Beurteilungen).

Ihr Nutzen:

- Sie kommunizieren klar und zielorientiert, ohne zu verletzen.
- Sie öffnen Ihren Gesprächspartner für Argumente und erzielen nachhaltige Lösungen.
- Sie bleiben auch in schwierigen Gesprächen gelassen und souverän.

»Wenn über das Grundsätzliche keine Einigkeit besteht, ist es sinnlos, miteinander Pläne zu schmieden.«
KONFUZIUS

Ein Satz kann alles verändern

Es ist mitten im Winter, selbst im Rheinland herrschen eisige Temperaturen und Schneetreiben. Mein Flug in Düsseldorf ist so stark verspätet, dass ich mich in die lange Schlange vor dem Mietwagenschalter einreihe. Die Wartenden sind ungeduldig und genervt, die Schlange wächst stetig, die Mitarbeiterin am Schalter wirkt gestresst. Dann verhält sich auch noch der Kunde vor mir sehr unfreundlich; es entspinnt sich eine längere Debatte. Als ich schließlich an der Reihe bin, ist die Servicemotivation der Mitarbeiterin erkennbar aufgebraucht. Ich schaue sie an und sage: »Heute ist es für alle wirklich schwierig, freundlich zu sein!« Die Wirkung ist verblüffend: Die Dame stutzt und entschuldigt sich. Dann entspannt sie sich – und bietet perfekten Service.

Eine kleine Alltagssituation, die die Kraft der positiven Unterstellung verdeutlicht: Ein kurzes Signal mit dem Tenor »Ich verstehe Ihre Situation und weiß, dass Sie alles tun, was möglich ist« genügt, um dem Gespräch eine völlig neue Wendung zu geben. Ich hätte auch anders einsteigen können, ähnlich wie der Kunde vor mir: »Ich stehe hier seit einer geschlagenen halben Stunde! Geht das nicht ein bisschen schneller?« Auch das ist eine Unterstellung, allerdings eine negative: »Sie verschwenden willkürlich meine Zeit!« Man braucht kein Psychologiediplom, um zu ahnen, dass dies die Kooperationsbereitschaft des Gegenübers eher dämpft als fördert.

Neu ist diese Erkenntnis nicht. »Wie man in den Wald hineinruft, so schallt es heraus«, sagt der Volksmund und spielt damit auf die emotionale Dynamik in Gesprächen an. Welche Resonanz wir beim anderen auslösen, hängt wesentlich davon ab, welchen Ton wir selbst anschlagen. Merkwürdigerweise vergessen wir diesen Resonanzfaktor gerade in Situationen, in denen wir dringend darauf angewiesen sind, Einfluss zu nehmen und unser Gegenüber zur Kooperation zu veran-

Positives heraushören – ein Beispiel aus dem Arbeitsalltag

Sie beobachten mit Sorge den Leistungsabfall eines bisher engagierten Mitarbeiters und sprechen dies unter vier Augen an. Der Mitarbeiter entgegnet ziemlich brüsk: »Was meine sogenannte Leistungsverschlechterung in letzter Zeit betrifft, so möchte ich sagen, dass man an jedem etwas aussetzen kann, wenn man nur genau genug kontrolliert. Und das haben Sie ja wohl bei mir in letzter Zeit.«

Wie reagieren Sie darauf? Viele Führungskräfte würden dem Mitarbeiter anhand von Beispielen vor Augen führen, wo er in letzter Zeit Fehler gemacht hat, oder es ihm mit gleicher Münze zurückzahlen: »Weil Sie schlechte Leistung bringen, müssen wir Sie eben kontrollieren!« Andere beginnen rumzueiern: »Das müssen Sie doch nicht so persönlich nehmen.« Ob sie damit ihr Gesprächsziel – eine Leistungsverbesserung – erreichen, ist zweifelhaft.

Es mag nicht ganz so leichtfallen wie am Mietwagenschalter im Eingangsbeispiel, aber auch hier könnten Sie etwas Positives heraushören, etwa:

- »Ich will meine Arbeit gut machen (und deshalb macht mir Ihre Kritik etwas aus).«
- »Ich möchte, dass Sie meinen Einsatz anerkennen.«
- »Sprechen Sie mit mir (statt mich längere Zeit kommentarlos zu kontrollieren).«

Wenn Sie sich auf diese positiven Anteile konzentrieren, können Sie dem Gespräch eine konstruktive Wendung geben, etwa so: »Natürlich gehe ich davon aus, dass Sie gute Ergebnisse liefern wollen. Deshalb ist es wichtig, dass wir heute über dieses Thema sprechen.« Oder: »In der Tat, es ist nicht angenehm, kontrolliert zu werden. Lassen Sie uns darüber reden, wie wir Kontrollen verringern können, indem wir über Erfolgsparameter sprechen.«

Mit diesem »Positiven Loop« steuern Sie die Reaktionen Ihres Gegenübers im Sinne einer Lösungsorientierung, statt den anderen in die Defensive zu treiben.

lassen. Da setzen wir eher auf Druck oder Forderungen in der irrigen Annahme, so schneller ans Ziel zu kommen. Damit ignorieren wir ein Grundbedürfnis: Jeder möchte als Mensch wahrgenommen und mit Respekt behandelt werden. Und wer spürt, dass er für unfähig oder gar böswillig gehalten wird, lässt sich schon aus Prinzip nicht überzeugen.

Wenn ich im Unternehmenskontext nicht davon ausgehe, dass mein Kollege, Mitarbeiter oder Vorgesetzter grundsätzlich das (aus seiner Warte) Beste will, droht jedes Gespräch zu scheitern.

Das sei ja wohl ein »Weichei-Konzept«, hat man mir schon vorgehalten. Meistens wird diese Kritik etwas höflicher formuliert, aber der Tenor ist der Gleiche: Warum nicht einfach Tacheles reden, statt dem anderen erst mühsam goldene Brücken zu bauen? Ganz einfach: weil »Tacheles« selten Wirkung zeigt, sondern das Gegenüber in ein emotionales Schneckenhaus treibt. Oder meinen Sie, im Business gehe es rein sachlich und rational zu? Erzählen Sie das mal Herrn Piëch, der mit gravierenden Vorwürfen zur Abgasaffäre gerade einen Rachefeldzug gegen den VW-Aufsichtsrat startet, während ich diese Zeilen schreibe.

Es wird sich für Sie und Ihre Interessen rasch auszahlen, den Positiven Loop einzusetzen. Schauen wir uns dieses Tool daher genauer an.

Positiver oder Negativer Loop? Ihre Entscheidung!

»Die Ampel ist grün.« Dieser kleine Satz kann eine Ehekrise auslösen. Vielleicht kennen Sie das Beispiel schon, da es oft verwendet wird, um die »vier Seiten einer Nachricht« (ein geniales Modell des Hamburger Kommunikationswissenschaftlers Friedemann Schulz von Thun)[1] zu illustrieren. Lesen Sie bitte trotzdem weiter: Ich möchte auf einen zusätzlichen sehr wichtigen Punkt hinaus.

Die Situation: Ein Ehepaar im Auto, sie fährt. Die Ampel springt auf Grün, dann wieder auf Rot, ohne dass die Frau anfährt. Als die Ampel erneut Grün zeigt, sagt der Ehemann: »Die Ampel ist grün.« Den Satz kann man ganz unterschiedlich verstehen: als Sachinformation (grüne Ampel), als Selbsteröffnung (»Ich hab's eilig«), als Beziehungshinweis (»Ich darf dir sagen, wie man richtig fährt«) oder als Appell (»Fahr los!«). Das sind die vier Seiten einer Nachricht, die prinzipiell in jeder Aussage mitschwingen.

Spinnen wir das Beispiel weiter. Auf den Satz »Die Ampel ist grün« entgegnet die Frau: »Fährst du oder fahre ich?«, und wirft den Mann raus. Was hat die Frau gehört? Seminarteilnehmer müssen nicht lange überlegen, wenn ich das frage: »Ich kann viel besser fahren als du!«, den Befehl »Fahr endlich!« oder sogar »Du bist 'ne blöde Kuh!«.

Die drastische Reaktion der Frau spricht Bände. Die Situation eskaliert, weil die Fahrerin einen Negativfilter eingeschaltet hat, durch den sie nur Unerfreuliches beim anderen heraushört. Darin sind die meisten Menschen Experten, wie die Spontaninterpretationen der Teilnehmer belegen. Nehmen wir an, Ihr Onkel sei der steinreiche Dagobert Duck. Sie rufen ihn an und sagen: »Onkel Dagobert, ich würde dich gerne mal zum Essen einladen!« Was hört Dagobert aller Wahrscheinlichkeit? »Onkel Dagobert, ich würde dich gerne beerben!« Negative Unterstellungen führen mitunter zu absurden Dialogen: Da bringt ein Partner dem anderen überraschend ein Geschenk mit: »Hier, für dich!«, und der andere entgegnet: »Hast du ein schlechtes Gewissen?«

Denkbar wäre in solchen Fällen auch eine positive Deutung: »Da meint es jemand gut mit mir!« Meistens jedoch funktioniert unser Negativfilter viel besser als der Positivfilter. Warum das so ist, darüber lässt sich spekulieren. Vielleicht haben wir dieses Verhalten schon von klein auf in unserer Umgebung beobachtet und übernommen. Wenn unser Selbstbewusstsein schwächelt, reagieren wir empfindlich und wittern überall versteckte Angriffe. Schlechte Erfahrungen machen vorsichtig. Und überdies war es im Laufe der Evolution vorteilhaft, Gefahren und Bedrohungen zu erkennen, weil dies unser Überleben sicherte. Das Gehirn reagiert daher noch heute auf negative Botschaften stärker als auf positive.[2] Deswegen gilt auch für sämtliche Medien weltweit die simple Regel »Good News is no News« und die Zeitungen wimmeln nur so von Katastrophenmeldungen.

Dass potenziell Negatives unsere Aufmerksamkeit auf sich zieht, hat allerdings auch einen gravierenden Nachteil: Es lenkt Gespräche mit hoher Wahrscheinlichkeit in eine negative Richtung, stört Beziehungen und erschwert dadurch einen konstruktiven Austausch. Spielen Sie das Gespräch mit dem misstrauischen Erbonkel oder dem brüskierten Schenkenden in Gedanken weiter – sehr erfreulich wird die Begegnung nicht weitergehen. Der eigene Negativfilter aktiviert negative Reaktionen beim Gegenüber, die dann wiederum weitere eigene Negativäußerungen provozieren. Kurz: Ein Wort gibt das andere.

Diese Rückkoppelung bezeichne ich als »Loop«. Natürlich funktioniert dieser Effekt auch positiv (vgl. Abbildung 3).

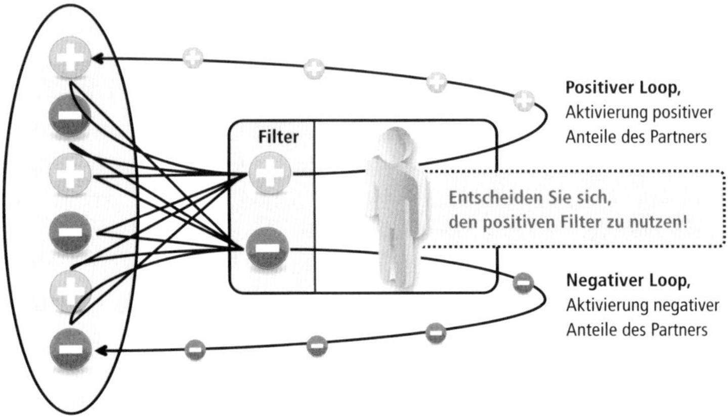

Abb. 3: Positiver und Negativer Loop

Welchen Filter Sie einschalten, den positiven oder den negativen, können Sie frei entscheiden. Der negative Filter kommt oft schon aus reiner Gewohnheit zum Einsatz, während der positive Filter häufig etwas »verstopft« ist und erst einmal »freigepustet« werden muss.

In jeder Aussage sind potenziell positive und negative Elemente enthalten. Wenn Sie sich auf die positiven fokussieren, können Sie das Gespräch sehr viel besser auf Ihr gewünschtes Ziel ausrichten, denn Sie schaffen einen Rahmen, in dem Ihr Gegenüber mit höherer Wahrscheinlichkeit ebenfalls auf den Positivfilter umschaltet und sich konstruktiv verhält. Der Grund ist, dass wir uns in Gesprächen meistens aufeinander einschwingen. Diese gegenseitige Resonanz nimmt häufig eine negative Richtung, etwa wenn Konfliktgespräche eskalieren und beide Seiten mehr und mehr zu der Überzeugung kommen, dass der andere ein »echtes A…« ist.

Mit dem Positiven Loop kehren Sie diesen Effekt um und nutzen ihn, um Ihre Ziele zu erreichen. Ein weiteres Beispiel aus dem Berufsalltag:

Sie kritisieren, dass der schriftliche Bericht eines Mitarbeiters viele Schreibfehler aufweist. Der Mitarbeiter entgegnet: »Sie haben mich gebeten, den Bericht noch nach Feierabend zu schreiben, weil Sie ihn dringend benötigen. Ich habe das getan, obwohl ich deswegen eine Verabredung absagen musste. Und nun behandeln Sie mich so, nur weil mir einige Tippfehler unterlaufen sind.«

Wenn Sie mit dem Gespräch bewirken wollen, dass Ihr Mitarbeiter in Zukunft sorgfältiger ist, welcher der folgenden Gesprächseinstiege wäre wohl zielführender: darüber zu diskutieren, ob es sich um »einige« oder doch um »zu viele« Tippfehler handelt (Negativer Loop), oder darauf zu reagieren, dass der Mitarbeiter besonderes Engagement gezeigt und sein Privatleben zurückgestellt hat (Positiver Loop)?

Um sich an den Positiven Loop heranzutasten, können Sie sich eine Person vorstellen, mit der Sie in letzter Zeit in der Zusammenarbeit Mühe hatten. Reflektieren Sie Ihre Annahmen zu dieser Person. Polen Sie sich auf »Plus« und interpretieren Sie das Verhalten dieser Person neu. Was würde das bedeuten? Wie würde sich Ihre Vorgehensweise im Gespräch ändern?

Vertrauen statt Vorwürfe

Ob Sie wollen oder nicht: Jedes Gespräch hat eine emotionale Unterströmung. Der Positive Loop adressiert dabei mögliche positive Anteile, der Negative Loop verstärkt die negativen. Die Annahme einer positiven Absicht ist kein idealistisches Konzept basierend auf dem bedingungslosen Glauben an das Gute im Menschen, sondern eine wirkungsvolle Strategie. Wenn Sie voraussetzen, dass Ihr Gesprächspartner sich konstruktiv verhält, erhöhen Sie die Chancen auf eine gute Lösung erheblich: Wer den Positiven Loop beherrscht, hat meiner Erfahrung nach den Gesprächserfolg bereits zu 50 Prozent in der Tasche. Ob der andere *wirklich* eine gute Absicht hat, bei sich spürt und bestätigen würde, diese Frage stellt sich in diesem Zusammenhang erst einmal nicht – es geht um die Gesprächsdynamik, die Sie mit Ihrer eigenen Einstellung und Ihrem eigenen Verhalten in Gang setzen.

Bei Mitarbeitenden oder potenziellen Kooperationspartnern (Kunden, Lieferanten) empfiehlt sich daher die positive Unterstellung als Grundmaxime, auch wenn dies gelegentlich mühsam ist. Der Loop funktioniert auch bei konfliktträchtigen Verhandlungen, etwa zwischen Arbeitgeber und Betriebsrat: Auch eine »anstrengende« Gegenseite lässt sich aus der Grundüberzeugung heraus, dass jeder das Beste für die gemeinsame Sache erreichen will, souveräner adressieren und stärker beeinflussen. Dass auch auf dieser Basis kontroverse Sachfragen und wunde Punkte nicht ausgeklammert bleiben, versteht sich von selbst und wird später noch ausführlich Thema sein.

In seinem Plädoyer für »Das anständige Unternehmen« kommt der Managementexperte Reinhard K. Sprenger zu ganz ähnlichen Überlegungen: »Ich gehe davon aus, dass jeder Mensch gute Arbeit leisten will«, und: »Falls Sie das in Ihrer beruflichen Umgebung nicht bestätigt sehen, sollten Sie sich fragen, ob Sie nicht dazu beigetragen haben, dass es für Sie so ist, wie es ist.« Sprenger wundert sich über die »Infantilisierung« von Menschen im Unternehmenskontext, auch solcher, die außerhalb des Unternehmens herausfordernde Familiensituationen bewältigen und großartige ehrenamtliche Projekte stemmen. Das positive Menschenbild sei seine bewusste Entscheidung, so Sprenger: »Wenn man Menschen als Erwachsene anspricht, dann verhalten sie sich entsprechend. Nicht alle, sicher, aber doch die meisten. Wenn man sie allerdings als defizitäre Mängelwesen anspricht, dann verkindlichen sie sich. Wiederum nicht alle, aber doch die Mehrzahl.«[3] Es ist ein wenig wie im Fußball: Wie unser Gegenüber sich verhält, ist auch Resultat der »Vorlagen«, die wir ihm geben. Ein Stürmer, der nicht auf die richtige Weise angespielt wird, wird selten Tore schießen.

Konkret bedeutet das: Mit dem Positiven Loop gewähren Sie Ihrem Gegenüber einen Vertrauensvorschuss. Bei diesem Gedanken ist vielen Menschen im Business unwohl – lieber würden sie sich auf konkrete Beweise verlassen, dass der andere wirklich das Beste im Sinn hat. »Vertrauen muss man sich erst mal verdienen!«, heißt es häufig. Nur: Mit echtem Vertrauen hat diese Einstellung wenig zu tun. Wer erst Beweise braucht, um zu vertrauen, vertraut eben nicht wirklich. Wenn Sie in ein Flugzeug steigen, vertrauen Sie ja auch darauf, dass der Pilot Sie sicher ans Ziel bringen will, ohne sich erst seinen Flugschein zeigen zu lassen und auf einem Alkoholtest zu bestehen. Natürlich kann Vertrauen auch enttäuscht werden. Nur: Wollen Sie in 90 Prozent aller Gespräche unter Ihren Möglichkeiten bleiben, weil Ihr Gegenüber in 10 Prozent der Fälle mit gezinkten Karten spielt?

Dass ein Vertrauensvorschuss Positives bewirkt, dafür gibt es wissenschaftliche Belege. Ein sehr bekannter ist der Rosenthal-Effekt. Die US-Psychologen Robert Rosenthal und Lenore F. Jacobson informierten in einem Experiment eine Reihe von Lehrern, Tests hätten ergeben, bei 20 Prozent ihrer Schüler stünde ein »Entwicklungsschub« unmittelbar bevor. Am Ende des Schuljahres schnitten diese Schüler tatsächlich besser ab, obwohl sie völlig zufällig ausgewählt wurden und es in Wahrheit gar keinen Test gegeben hatte. Ihre Leistungssteigerung resultierte aus größerer persönlicher Zuwendung vonseiten der Lehrer, höheren Leistungsanforderungen, der Bereitschaft der Lehrer, bei Antworten länger zu warten, und häufigerem Lob, das die Lehrer spendeten – ein klassischer Fall der selbsterfüllenden Prophezeiung. Weil die Lehrer *glaubten*, die Schüler seien begabter, förderten sie sie unbewusst und die Schüler verbesserten ihre Leistung tatsächlich.[4]

Auch die Ergebnisse der Hirnforschung stärken die These, dass es sich lohnt, einem anderen erst einmal gelassen und in positiver Grundstimmung gegenüberzutreten, selbst wenn der es einem dabei nicht leicht macht. »Verbundenheit ist ein neurobiologisches Grundbedürfnis«, sagt der Manager und Organisationsberater Sebastian Purps-Pardigol, der die Ergebnisse der Hirnforschung im Hinblick auf Führung in Unternehmen ausgewertet hat. Wird dieses Bedürfnis nicht erfüllt, führt das zu Stress und senkt die kognitiven Fähigkeiten.[5] Sie haben es vermutlich selbst schon erlebt: Wenn wir uns heftig angegriffen fühlen, können wir nicht mehr klar denken. Wir überlegen fieberhaft, was wir zu unserer Entlastung anführen könnten, statt ruhig nach einer vernünftigen Lösung zu suchen. Es ist also im Sinne einer gemeinsamen Lösungsfindung, wenn Sie Ihr Gegenüber nicht unter Druck setzen, sondern sich um eine Atmosphäre des Respekts und der Verbundenheit bemühen.

Die Psychologin Barbara L. Fredrickson., die den Einfluss positiver Emotionen auf unser Denken und Handeln erforscht, hat auf der Basis zahlreicher empirischer Befunde die »Broaden-and-Build«-Theorie (dt. wörtlich »ausweiten und aufbauen«) formuliert. Ihre Kernthese:

Während negative Emotionen wie Angst oder Ärger unsere Reaktionsmuster verengen (z. B. auf den Flucht- oder Angriffsmodus), erweitern positive Emotionen (wie Freude, Interesse, Zufriedenheit, Stolz) das Denken und Handeln.[6] Vereinfacht ausgedrückt, wir haben besseren Zugriff auf unsere kognitiven Ressourcen, wenn wir einigermaßen gelassen sind. Ein Gegenüber, das nicht mit Groll oder Ärger kämpft, investiert seine Energie eher in die Lösungsfindung als in die Verteidigung seines Selbstwertes. Deshalb kommen Sie mit Vertrauen weiter als mit Vorwürfen.

Wirksame Gesprächstechniken

Im Laufe dieses Buches werde ich Ihnen immer wieder konkrete Gesprächsmuster vorstellen, mit denen Sie die sechs Leadership-Tools umsetzen und Ihren Einfluss stärken können. Sie müssen so im Ernstfall nicht improvisieren, sondern können sich auf bewährte Techniken verlassen.

Bestätigung

Beim Positiven Loop konzentrieren Sie sich auf positive (Neben-)Botschaften Ihres Gesprächspartners. Das bedeutet: Auch in konfliktträchtigen Situationen bestätigen Sie ihn in Teilen. Diese Technik haben Sie oben schon kennengelernt. Der Mitarbeiter sagt beispielsweise:

> *»Was meine sogenannte Leistungsverschlechterung in letzter Zeit betrifft, so möchte ich sagen, dass man an jedem etwas aussetzen kann, wenn man nur genau genug kontrolliert. Und das haben Sie ja wohl bei mir in letzter Zeit.«*

Eine bestätigende Reaktion könnte so aussehen:

> *»Natürlich gehe ich davon aus, dass Sie gute Ergebnisse liefern wollen. Deshalb ist es wichtig, dass wir heute über dieses Thema sprechen.«*

Die Wahrscheinlichkeit ist hoch, dass die von Ihnen transportierte positive Unterstellung beim andern eine positive Resonanz auslöst. Sie unterstellen dem Mitarbeiter die positive Absicht und verbalisieren bewusst den vermuteten »guten Kern« seiner Äußerung. Und den gibt es fast immer. Nehmen wir an, Sie haben eine neue Führungsaufgabe übernommen und einer der Mitarbeiter, mit dem sich die Zusammenarbeit schwierig gestaltet, sagt:

»Da gibt es für mich gar keinen Zweifel. Als Sie die Position hier übernommen haben, sind Sie von Ihrem Vorgänger gleich entsprechend eingewiesen worden. Er hat Ihnen gleich gesagt, wer die ›Guten‹ und wer die ›Schlechten‹ sind. Seine Vorurteile haben Sie gleich mit übernommen.«

Überlegen Sie einen Moment: Was steckt Positives in dieser Aussage und wie könnten Sie das aufgreifen? Eine Möglichkeit:

»Das stimmt, mein Vorgänger hat mir seine Einschätzung geschildert. Wenn ich Sie richtig verstehe, ist Ihnen an einem Neustart und einer besseren Zusammenarbeit gelegen. Das geht mir ganz genauso. Lassen Sie uns darüber sprechen, was dafür erforderlich ist.«

Mit einer Bestätigung »entwaffnen« Sie Ihr Gegenüber. Das macht es einfacher, über Sachinhalte zu sprechen und Ihre Ziele durchzusetzen. Manchmal braucht es dafür Geduld und eine zweite Runde, etwa wenn der Mitarbeiter in diesem Beispiel insistiert:

»Ach, das hat doch sowieso keinen Zweck. Aus der Schublade komme ich nicht mehr raus!«

Darauf könnte die Führungskraft z. B. so reagieren:

»Leicht mag das nicht sein. Aber unmöglich ist es ebenso wenig. Es kommt letztlich darauf an, ob wir einen Weg finden. Deswegen reden wir ja miteinander.«

Bestätigen im Sinne des Positiven Loops heißt also nicht, dem andern in der Sache recht zu geben. Die Bestätigung ist eine simple Technik, die Sie beim nächsten Einwand oder Widerspruch ausprobieren können. Spielen Sie das Spiel ab sofort nach Ihren Regeln, lassen Sie sich von Ihrem Gegenüber keine Konfrontation aufzwingen.

Zuhören und Präzisieren

Die meisten Menschen würden auf die Frage, ob sie ihren Gesprächspartnern in der Regel zuhören, mit einem überzeugten »Ja, natürlich!« antworten. Schon ein kleines Experiment zeigt, dass das insbesondere bei Streitgesprächen nicht stimmt. Wenn Sie in der nächsten Zeit über ein kontroverses Thema, sei es Politik, sei es die Kindererziehung, diskutieren, beobachten Sie sich einmal selbst: Wie viele Argumente Ihres Gesprächspartners können Sie nach einer Minute sinngemäß wiederholen? Mit hoher Wahrscheinlichkeit nur ein einziges Argument: das erste, das gefallen ist. Die weiteren Ausführungen sind untergegangen.

Warum tritt dieser Effekt auf? Unser Ziel in Streitgesprächen ist es, zu siegen. Deshalb befassen wir uns in Gedanken weniger mit dem Inhalt der Argumente des anderen, sondern mehr damit, wie sie zu widerlegen sind. Sobald unser Gegenargument in Gedanken steht, sind wir nur noch auf dem Sprung, es anzubringen. Da wir dann nur darauf warten, bis unser Gegenüber endlich ausgeredet hat, bringen wir nur noch geringes Interesse an seinen Ausführungen auf und behalten wenig davon. Warnsignale für dieses Phänomen sind in Diskussionen Aussagen wie *»Sie hören mir nicht zu!«*, *»Wie ich eben bereits ausführte …«* oder *»Um es noch mal zu sagen …«*. Viele Gespräche treten deswegen auf der Stelle, weil beide Seiten vor allem »auf Sendung« sind und nicht »auf Empfang«.

Versuchen Sie also, den Standpunkt des Partners zunächst so gut wie möglich zu erfassen. Wiederholen Sie, wenn nötig, die Aussagen in eigenen Worten. Fassen Sie zusammen, und klären Sie durch Nachfragen, wenn Sie etwas nicht voll verstanden haben. Typische Formulierungen dazu sind:

»Sie meinen also …«
»Aus Ihrer Sicht sollte also …«
»Ihrer Meinung nach …«

Möglicherweise ist Ihnen dieses Konzept als »aktives Zuhören« schon begegnet. Mit einem reflexhaften Echo auf die Standpunkte des anderen ist allerdings wenig gewonnen. Erfolgsentscheidend ist auch hier das Mindset, Ihre Einstellung. Ist Ihnen wirklich daran gelegen, zu erfassen, worauf es dem anderen ankommt? Dann werden Sie sich nicht nur darauf konzentrieren, was er sagt, sondern auch, wie er es sagt, was seine Mimik, seine Gestik, die Stimme ausdrücken. Ihre Antennen sind dann auf Empfang, wenn Sie nicht nur Sachinfos, sondern auch mitschwingende Emotionen wahrnehmen und konstruktiv zwischen den Zeilen lesen.

Jörg Feuerborn hat das auf die schöne Formel gebracht, »wirklich zuhören« bedeute, »sachlich zuhören«, »emotional zuhören« *und* »schöpferisch zuhören« – also auch herauszuhören, welche Chancen und Stärken in dem stecken, was ein Mitarbeiter oder Kollege erzählt.[7] Auf diese Weise filtern Sie auch die konstruktiven Anteile heraus, die Sie bestätigend aufgreifen können (siehe voriger Punkt, »Bestätigung«).

Ob das nicht ein bisschen viel auf einmal ist, was man da im Gespräch mitbekommen soll? Mancher ist skeptisch – zumal heutzutage doch alle genug um die Ohren haben, gerade am Arbeitsplatz. Es ist tatsächlich nicht einfach, sich auf den Moment zu konzentrieren und aufmerksam zu registrieren, was den anderen bewegt. Oft wird man vom wirbelnden Strom seiner Gedanken (an das nächste Meeting, an das heutige Arbeitspensum, an eine ausstehende Rückmeldung usw.) abgelenkt. Der Begriff der Achtsamkeit ist vermutlich auch deswegen so en vogue, weil er genau diese Schwierigkeit aufgreift und das »Im-Moment-Sein« propagiert. Gelingt uns das, besitzen wir sehr feine Antennen dafür, wie es um unser Gegenüber bestellt ist. Dafür sorgen unsere Spiegelneuronen (vgl. den Exkurs im vorigen Kapitel).

Lösungsorientierte Sprache

Sprache lenkt die Aufmerksamkeit. Worauf wir unsere Aufmerksamkeit richten, steuert dann unser Gefühlserleben und damit auch unser Denken. Werbeprofis wissen das schon von jeher. Sie würden niemals ein Vorhaben als »teuer« bezeichnen, sondern eher von einer »lohnenden Investition« sprechen. Umgekehrt ist eine Ware auch niemals »billig«, sondern allenfalls »preiswert«. Dieser Effekt ist nicht nur in der Werbung zu beobachten, sondern auch im Alltag. Eine positive Sprache lenkt die Aufmerksamkeit bei Ihrem Gegenüber wie bei Ihnen selbst auf positiv besetzte Inhalte und damit auf positive Gefühle.

Dadurch fördern Sie eine gute Beziehung sowie die Offenheit Ihres Gegenübers für Ihre Botschaft.

Lösungsorientiert und positiv zu formulieren fällt vielen Menschen nicht leicht. Doch sehen Sie selbst den Unterschied:

> *»Es ist eine Katastrophe! Der Vorstand hat völlig überraschend die Deadline geändert. Wir müssen das Konzept eine Woche früher abgeben. Wenn das schiefgeht, sind wir erledigt!«*

Versus

> *»Eben habe ich eine wichtige Information bekommen: Der Vorstand erwartet unser Konzept eine Woche früher. Wir sollten uns jetzt ganz darauf konzentrieren.«*

Mit welchem Gefühl geht ein Projektteam wohl bei der ersten Formulierung an die Arbeit, wie bei der zweiten, sachlicheren? Führungskräfte sind sich zum Teil nicht bewusst, dass ihr Auftreten und ihre Einschätzung auf die ganze Abteilung ausstrahlen und sie es daher in der Hand haben, ob Beklommenheit und Panik oder konzentrierte Zuversicht herrschen. Auch auf Kollegen wirkt Nervosität oder Sorge ebenso ansteckend wie Gelassenheit (siehe den Abschnitt »Spiegelneuronen«). Bei einer lösungsorientierten Sprache geht es nicht um Schönfärberei, sondern um neutral-sachliche Formulierungen, die den Blick auf das richten, was zu tun ist, nicht auf das, was schlimmstenfalls passieren könnte. Beispiele finden Sie in der folgenden Tabelle.

Negative Wörter	**Positive bzw. neutrale Wörter**
Problem	Thema
Preiserhöhung	Preisanpassung
Verschlechterung	Veränderung
Zumutung	Anforderung
Panne	Optimierungsbedarf
Schwierigkeit	Neuer Sachverhalt
Durchziehen	Umsetzen

Einmischen	Sich einbringen
Kontrollieren	Überprüfen, beobachten
Kritisieren	Hinweise geben
Anweisen	Auffordern
Sofort	Innerhalb der nächsten zwei Tage
Zwingend	Logisch
Vergeblich	Ohne Ergebnis
Fremd	Neu
Risikoreich	Genau abzuwägen
…	…

Mit einer neutralen oder positiven Wortwahl allein ist es natürlich nicht getan. Auch die Denkrichtung sollte lösungsorientiert nach vorne statt vorwurfsvoll rückwärtsgewandt sein. Also nicht: »Wie konnte das passieren?« (»Wer ist schuld?«), sondern: »Was können wir jetzt tun?« (»Wie lässt sich der Schaden begrenzen?«)

Selbsteröffnungen

Selbsteröffnungen helfen, schwierige Situationen zu entspannen und Klarheit zu schaffen. Sie bestehen aus der Äußerung des eigenen Gefühls und einer Begründung, beispielsweise:

> *»Ich habe lange mit mir gerungen, bis ich bereit war, dieses Projekt zu unterstützen. Es wird bis zum Jahresende alle freien Ressourcen binden.«*

> *»Ich fühle mich zunehmend in eine Rolle gedrängt, in der ich mich denkbar unwohl fühle. Ich sehe es nicht als meine Aufgabe an, Kollegen zu überprüfen und zu mahnen.«*

> *»Ich habe mich für dieses Projekt begeistert und bin glücklich, dass es jetzt in greifbare Nähe gerückt ist. Ich bin überzeugt, dass wir damit für die Zukunft sehr gut gerüstet sind.«*

Wer sich seinem Gegenüber öffnet, begegnet ihm auf Augenhöhe, sozusagen »von Mensch zu Mensch«. Das erhöht die Chance, dass auch der andere das Gespräch mit mehr Offenheit führt und das gegenseitige Verständnis für unterschiedliche Positionen wächst. Es ist eben ein Unterschied, ob jemand zu uns sagt:

> *»Das ist mit uns leider nicht zu machen! Auf keinen Fall.«*

Oder

> *»Angesichts unserer langjährigen Zusammenarbeit fällt es mir schwer, das abzulehnen. Aber in dieser Sache kann ich Ihnen aufgrund interner Richtlinien nicht entgegenkommen.«*

Selbsteröffnungen sind vor allem dann wirksam, wenn sie möglichst einfach formuliert, präzise und wahr (!) sind.

Emotionssteuerung

Steuern Sie Ihre Emotionen – oder wird umgekehrt Ihr Handeln von Ihren Emotionen gelenkt? Wenn Sie aktivierend und zielführend kommunizieren wollen, ist es gut, wenn Sie Ihre Emotionen im Griff haben.

Die meisten von Ihnen kennen vermutlich das Eisbergmodell, das illustriert, wie stark unser Denken und Handeln von Faktoren unterhalb der Oberfläche expliziten Verhaltens beeinflusst ist. Neben Haltungen (Mindset), Einstellungen und Werten spielen dabei Emotionen eine wesentliche Rolle (vgl. Abbildung 4).[8] Wenn Sie jemanden absolut nicht mögen, gestaltet sich die Zusammenarbeit schwierig, ebenso, wenn jemand völlig andere Werte und Einstellungen als Sie vertritt. Wenn umgekehrt »die Chemie stimmt« oder man »auf einer Wellenlänge liegt«, deutet dies auf starke Übereinstimmungen der Persönlichkeitsanteile »unter Wasser« hin. Dort liegen rund sechs Siebtel eines Eisbergs, während nur ein Siebtel von ihm sichtbar ist.

Ähnlich ist es in der Kommunikation: Das wortwörtlich Gesagte macht nur einen Bruchteil der Botschaft aus, die Beziehungsebene bestimmt wesentlich mit, was beim anderen ankommt. Diese Beziehungsebene wird durch Vorerfahrung, Kontext und nonverbale Anteile (Körperhaltung, Mimik, Gestik, Stimme, Betonung) mitbestimmt. So kommt es, dass ein- und derselbe Satz je nach Situation als Kompliment oder als Kampfansage ankommt. »Du alter Sack!« kann eine scherzhaft-frotzelnde Begrüßung unter langjährigen Freunden sein, in einer dunklen Gasse von einem Unbekannten im schwarzen Kapuzenpulli gebrüllt aber auch eine ernsthafte Drohung. Kommunikation ist also weit mehr als der Austausch von Worten!

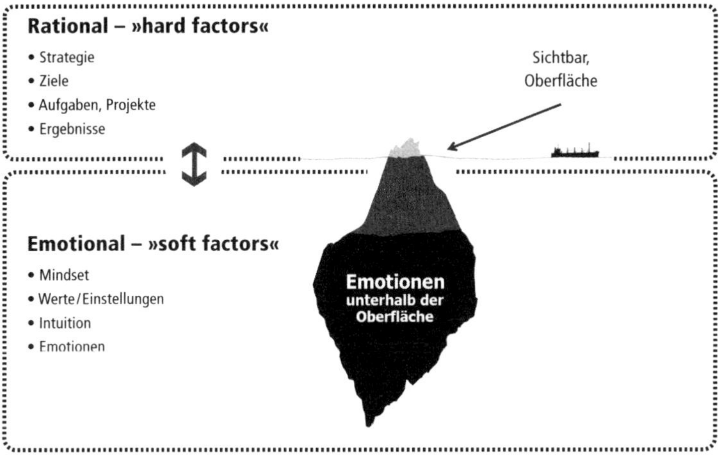

Abb. 4: Das Eisbergmodell

Wir alle werden von Emotionen beeinflusst. Der Positive Loop setzt allerdings voraus, dass Sie Ihre negativen Emotionen im Zaum halten können und nicht zulassen, dass spontane Impulse wie Aggression und Ärger Ihren Gesprächserfolg untergraben. Das ist nicht immer leicht, und gelegentlich mag es sogar Situationen geben, wo man mit der Faust auf den Tisch hauen muss. Aber diese Situationen sind äußerst selten, erst recht im Business, wo man am Ende auf Zusammenarbeit angewiesen ist. »Echten Drecksäcken« (O-Ton eines Seminarteilnehmers) kündigt man besser ganz die Zusammenarbeit auf, statt sich in nie endenden Scharmützeln mit ihnen zu verschleißen. Dabei sollte es keine Rolle spielen, ob es sich um Mitarbeitende, Führungskräfte, Kunden oder Lieferanten handelt. Ist das nicht möglich, zeigt man am besten sachlich klare Kante. Dazu finden Sie im Kapitel 3 (»Realitätsanker«) Hinweise.

Menschen sind unterschiedlich gut darin, aufwallende Emotionen zu beherrschen. Am einen Ende der Skala steht der Choleriker, der als wandelndes Pulverfass durchs Leben geht, am anderen Ende der Skala finden sich Menschen, die eigene Emotionen bis zur Selbstverleugnung unterdrücken. Die meisten von uns werden sich irgendwo zwischen diesen Extremen verorten.

Grundsätzlich zählt man in der Psychologie die Fähigkeit, adäquat mit Emotionen umzugehen (»Emotionsregulation«), zu den Voraussetzungen für psychische Stabilität. »Emotionen« sind dabei affektive Reaktionen von meist kurzer Dauer, die einen konkreten Anlass haben (im Unterschied zu dauerhafteren »Stimmungen« oder »Gefühlen«).

Wenn etwa ein Mitarbeiter, Kollege oder Kunde eine Vereinbarung platzen lässt, z. B. unentschuldigt ein wichtiges Meeting versäumt, werden die meisten Menschen darauf spontan mit Ärger oder sogar Wut reagieren und den Wunsch haben, dem anderen mal ordentlich die Meinung zu sagen.

Stellen Sie sich nun die gleiche Situation vor, nur dass nach einer viertel Stunde eine Mitarbeiterin an die Tür des Besprechungsraumes klopft und Ihnen einen Zettel hereinreicht: »Herr … lässt sich entschuldigen. Eines seiner Kinder wurde auf dem Schulweg angefahren und schwer verletzt. Herr … ist auf dem Weg ins Krankenhaus.« Vermutlich fällt Ihr Ärger in dem Moment wie ein Kartenhaus in sich zusammen.

Was an diesem Beispiel deutlich wird: Viele Emotionen sind keine unvermeidlichen Reflexe angesichts bestimmter Ereignisse, sondern Ergebnis unserer *Bewertung* dieser Ereignisse. Ärger schlägt spontan in Mitgefühl um, wenn wir erkennen, dass nicht Rücksichtslosigkeit, sondern ein Schicksalsschlag der Grund für den versäumten Termin ist. Für den Arbeitsalltag und insbesondere für den Einsatz des Positiven Loops folgt daraus: Man kann gelassener mit eigenen negativen Emotionen umgehen und sich eher auf den positiven Kern im Verhalten seines Gegenübers konzentrieren, wenn man sich diesen Wertungszusammenhang klarmacht.

Um ein Beispiel von weiter oben wieder aufzugreifen: Natürlich können Sie sich ärgern, wenn Sie als neue Führungskraft von einem wenig engagierten Mitarbeiter hören, Sie hätten einfach die Ansichten Ihres Vorgängers über vermeintlich »gute« und »schlechte« Mitarbeiter übernommen. Ihr Ärger wird umso größer sein, je mehr Sie es als »unverschämt« bewerten, dass Ihnen hier so selbstverständlich Vorurteile unterstellt werden. Sie können allerdings eine solche Wertung auch bewusst beiseiteschieben und sich bemühen, erst einmal neutral zuzuhören. So kann es Ihnen gelingen, den Positivfilter »freizupusten« und herauszuhören, dass der Mitarbeiter vielleicht auf ungeschickte Weise eine neue Chance einfordert und ihm sein Ansehen in der Abteilung durchaus nicht gleichgültig ist. Wie wichtig solche Faktoren für gelingende Arbeitsbeziehungen sind, verdeutlicht auch das Konzept der »emotionalen Intelligenz« (siehe Exkurs auf der nächsten Seite).

Weniger zu werten und mehr wahrzunehmen wird Ihnen mehr Gelassenheit verschaffen und Sie in die Lage versetzen, souveräner zu reagieren. Eine Büroweisheit bringt das scherzhaft auf den Punkt: »Man kann sich den ganzen Tag ärgern. Aber verpflichtet ist man dazu nicht.« Viele Menschen kultivieren ihren Ärger, als würden sie dafür bezahlt. Dabei schadet man damit im Grunde genommen nur einem mit Sicherheit: sich selbst – seiner Lebensqualität und langfristig auch seiner Gesundheit.

Erfolgreiches Selbstmanagement ist in unserer hektischen Zeit wichtiger denn je zuvor. Dabei geht es nicht nur darum, seine Termine im Griff zu haben. Mindestens ebenso wichtig ist es, reflektiert mit seinen Emotionen umzugehen und sich auch in diesem Punkt nicht zum Getriebenen äußerer Anlässe zu machen. Der Positive Loop setzt dabei auf Verbundenheit ohne Verstrickung – auf einen fairen, gelassenen Umgang, der zugleich professionelle Distanz wahrt und sich nicht zu emotionalen Ausbrüchen hinreißen lässt.

Emotionale Intelligenz – Warum gute Führungskräfte sie brauchen

»Menschen, die in einer Gruppe zusammenarbeiten, übernehmen unausweichlich Gefühle voneinander, von Eifersucht und Neid über Angst bis hin zu Euphorie«, schreibt Daniel Goleman, der das Konzept der »emotionalen Intelligenz« populär gemacht hat. Für ihn steht fest: »Die besten Führungskräfte zeichnen sich dadurch aus, dass sie die entscheidende Rolle von Emotionen am Arbeitsplatz verstehen.« Führungskräfte prägen das Klima im Unternehmen, und Unternehmen, in denen ein besseres Klima herrscht, weisen eine geringere Fluktuation, eine höhere Mitarbeitermotivation und bessere Geschäftsergebnisse auf, führt Goleman unter Hinweis auf zahlreiche Studien aus.[9]

Fest steht: Wenn Sie Ihre eigenen negativen Emotionen besser steuern und Ihre Aufmerksamkeit auf positive (= konstruktive, zielführende) Anteile im Verhalten Ihres Gegenübers richten, werden Sie mittelfristig Ihre Umgebung entsprechend prägen, ob als Führungskraft oder als Kollege. Anlässe, in denen Ihre Geduld und Ihre Gelassenheit auf eine harte Probe gestellt werden, werden so auf Dauer abnehmen.

Zur emotionalen Intelligenz zählt Goleman unter anderem die folgenden Fähigkeiten:

- Emotionale Selbstwahrnehmung (Registrieren der eigenen Emotionen und ihrer Wirkung)
- Emotionale Selbstkontrolle (negative Emotionen und Impulse beherrschen können)
- Zutreffende Selbsteinschätzung (eigene Stärken und Grenzen kennen)
- Selbstvertrauen (sich seines Wertes und seiner Fähigkeiten bewusst sein)
- Anpassungsfähigkeit (flexibel auf Veränderungen reagieren, Hindernisse überwinden können)
- Empathie (die Emotionen anderer wahrnehmen und angemessen damit umgehen können)[10]

Eine Prise Humor schadet sicher auch nicht. Das bedeutet im Kern: Kluge Selbstführung ist der Schlüssel dazu, andere Menschen zu führen und im eigenen Sinne zu beeinflussen. Und wie so vieles ist auch dies ein Entwicklungsprozess, in dem man nie aufhört, dazuzulernen.

PRAXISBEISPIEL:
Ein Leistungsträger trägt Veränderungen nicht mit – was tun als Führungskraft?

Abschließend zur Verdeutlichung ein Gesprächsbeispiel, an dem Sie die Wirkungsweise des Tools »Positiver Loop« und der bisher erläuterten Gesprächstechniken noch einmal im Zusammenhang sehen können. Auch Tools, die erst in den folgenden Kapiteln beschrieben werden, kommen hier zum Teil bereits zum Einsatz, damit alle Gesprächsbeispiele stimmig sind. Die Erläuterungen dazu sind etwas blasser gedruckt. Sie können diese Kommentare vorerst vernachlässigen und das Gesprächsbeispiel nach der Lektüre des Buches zur Vertiefung noch einmal lesen.

Die Ausgangssituation

Stellen Sie sich vor, Sie haben einen langjährigen Mitarbeiter in Ihrer Abteilung, der früher Leistungsträger und Top-Performer war. Nach einigen Umstrukturierungen, die für ihn nur schwer nachvollziehbar waren, hat er sich anfänglich in sein Schneckenhaus zurückgezogen. Jetzt geht er aber immer stärker nach vorne und beeinflusst das Team negativ. Ein Gespräch beim Kunden und auch eine Teamsituation drohten bereits zu eskalieren. Der Mitarbeiter äußerte sich in beiden Situationen abfällig über die neue Unternehmensstrategie und löste Erstaunen und Verwirrung aus.

Ihre Zielsetzung

Sie möchten den Leistungswillen des Mitarbeiters aktivieren und erreichen, dass er wieder einen Beitrag zum Unternehmenserfolg liefert. Daher treffen Sie sich zum Gespräch. Im folgenden Dialog stehen die Abkürzungen FK für Führungskraft und MA für Mitarbeiter. Rechts finden Sie jeweils eine Zuordnung der Gesprächstechniken.

FK: »*Herr M., schön, dass wir Gelegenheit haben, in Ruhe zu reden.*

Ich möchte mit Ihnen über das Projekt ›Einkaufsprozesse‹ und über Ihr Verhalten im Team sprechen. Ich denke, wir sollten sehr offen sein und gemeinsam eine Veränderung herbeiführen. Was meinen Sie – können wir das zum Thema machen?«

Situationsdefinition
▶ Kapitel 6
(Überschrift des Gesprächs formulieren)

MA: »*Ich verstehe nicht, was hat das mit mir zu tun? Die Vorgaben sind zu hoch, die Anforderungen enorm, die Unterstützung fehlt …*«

FK: »*Genau aufgrund dieser Einschätzung möchte ich mit Ihnen die Situation beleuchten und überlegen, was Sie selbst machen könnten, um die Lage zu verbessern. Können wir?*«

Bekräftigung der Situationsdefinition

MA: »*Okay – wenn Sie meinen …*«

FK: »*Gleich zu Beginn – ich habe Sie immer als einen sehr fähigen und engagierten Mitarbeiter erlebt. Die Erfolge bei Projekt X und Y waren sensationell – und Ihre Fähigkeiten in den aktuell erforderlichen Gebieten sind bemerkenswert hoch. Sie sind ein sehr wichtiger Leistungsträger im Team.*

Jetzt aber gibt es Irritationen – und zwar in folgendem Punkt: Neulich haben Sie sich im Team sehr negativ zur Strategie geäußert. Die Kollegen sind verunsichert und glauben nicht mehr an den Erfolg des Projektes.«

Realitätsanker
▶ Kapitel 3
(Kommunikation der Realität: positiv einsteigen, kritische Punkte klar benennen)

MA: »*Ich habe mir schon gedacht, dass es darum geht, als Sie mich herzitiert haben. Im ganzen letzten Jahr hat sich hier keiner für meine Meinung interessiert, und wenn man dann den Mund aufmacht, kommt das dabei heraus – sofort Kritik und Vorwürfe.*«

FK: *»In der Tat ist die Einbindung bei der Gestaltung des aktuellen Veränderungsprozesses ein wichtiger Grundsatz bei uns im Team.*
Allerdings lege ich Wert darauf, dass Vorschläge konstruktiv und mit dem Blick nach vorne gemacht werden.« [Pause]

Positiver Loop (Bestätigung)

Überzeugungssog / Einwandbehandlung
▶ Kapitel 5

MA: *»Jahrelang legt man sich hier ins Zeug und dann wird über unseren Kopf hinweg entschieden und alles verändert. Hinterher müssen wir dann auch noch das Chaos beseitigen, das dadurch entsteht.«*

FK: *»Die Prozessoptimierung ist in der Tat kompliziert, und die Widerstände sind beträchtlich. Ich bin selbst nicht glücklich darüber, dass es dadurch teilweise zu Engpässen gekommen ist.*
Auf der anderen Seite ist die Vereinheitlichung der Prozesse im gesamten Konzern strategisches Ziel. Unsere und damit Ihre Aufgabe ist es, das verbindlich umzusetzen.« [Pause]

Positiver Loop (Bestätigung + Selbsteröffnung + lösungsorientierte Sprache)

Realitätsanker
▶ Kapitel 3

MA: *»Mit dem bisherigen Tempo wird das aber definitiv nicht klappen – wir haben bereits enorme Zeitverzögerungen im Projekt.«*

FK: *»Darf ich das so verstehen, dass ich auf Sie bei der Optimierung des neuen Einkaufsverfahrens zählen kann?«*

Positiver Loop (Herausfiltern positiver Anteile)

MA: *»Wenn das heißt, dass meine Meinung gefragt ist: Ja.«*

(...)

Im Beispiel wird der Mitarbeiter dadurch für das neue Vorgehen gewonnen, dass die Führungskraft beharrlich die konstruktiven Momente aus seinen Vorwürfen und Unterstellungen herauszieht. In vergleichsweise kurzer Zeit ist das Gespräch so an dem Punkt, an dem es gilt, konkrete Ziele zu vereinbaren (vgl. dazu Kapitel 4 »Zielprojektion«). Die Resonanz, die der Positive Loop beim Mitarbeiter auslöst, sorgt dafür, dass dieser sich wieder positiv einbringt, seine Blockadehaltung aufgibt und offen für sachliche Argumente ist.

Noch ein Hinweis in Sachen Gelassenheit: Möglicherweise ärgert Sie das »Gemotze« des Mitarbeiters schon beim Lesen. Sehen Sie es doch mal so: Wenn sich jemand so aufregt, ist ihm die Firma alles andere als egal. Wer mit Ihnen in den Ring steigt, dem liegt im Allgemeinen noch etwas an seiner Arbeit und am Unternehmen. Und das ist sehr viel stärker in Ihrem Sinne als stillschweigende Gleichgültigkeit und desinteressiertes Jasagertum. (Einen solchen Perspektivwechsel bezeichnen Psychologen als »Reframing« – man betrachtet ein Ereignis in einem neuen Rahmen.)

Auf einen Blick: POSITIVER LOOP

Definition (Worum es bei dem Tool geht)	• Beim Positiven Loop unterstellen Sie dem anderen konsequent eine positive Absicht und handeln aus einer konstruktiven Unterstellung heraus. So erreichen Sie, dass Ihr Gesprächspartner sich öffnet und aktiv zur Lösungsfindung beiträgt.
Verhalten (Gesprächstechniken und Beispiele)	• Bestätigung *»Natürlich gehe ich davon aus, dass Sie gute Leistung bringen wollen.«* *»Ich weiß, es ist nicht angenehm, kontrolliert zu werden.«* • Zuhören und Präzisieren *»Sie meinen also …«* *»Aus Ihrer Sicht sollte also …«*

	• Lösungsorientierte Sprache *»Der Vorstand hat neue Anforderungen formuliert, die unser Quartalsziel modifizieren.«* • Selbsteröffnung *»Angesichts Ihres hohen Engagements fällt es mir nicht leicht, Ihre Bitte abzulehnen.«*
Mindset (Mit welcher Einstellung Sie dieses Tool aktivieren)	• Meine Grundannahme ist, dass mein Gegenüber eine positive Absicht hat. • Ich gehe davon aus, dass mein Gegenüber ebenfalls zu einer Lösung kommen will. • Auch wenn wir unterschiedlicher Meinung sind, unterstelle ich, dass mein Gegenüber das aus seiner Warte Beste beabsichtigt. • Ich gewähre meinem Gegenüber bewusst einen Vertrauensvorschuss.
Resonanz (Ihr Gegenüber wird …)	**positiv – zugänglich – offen**

➔ Erfolgsformel
POSITIVES VERSTÄRKEN!

2. SELBST STEUERN: DRIVER'S SEAT

Driver's Seat bedeutet:

Sie begreifen Ihr Handeln als selbstbestimmt und Ausdruck Ihrer Wahl, handeln eigenverantwortlich – und aktivieren diese Haltung auch bei Ihrem Gegenüber.

Einsatzmöglichkeiten:

Für sich selbst – bewusste Selbststeuerung.

In der Zusammenarbeit – alle Situationen, in denen Ihr Gegenüber Zusagen nicht einhält und Engagement vermissen lässt.

Ihr Nutzen:

- Sie sind zufriedener, erfolgreicher und gesünder angesichts komplexer, vielfältiger Aufgaben.
- Sie bewegen Mitarbeitende zu mehr eigenverantwortlichem Handeln.
- Sie erhöhen Ihren Wirkungsgrad im Umgang mit Menschen wie mit Aufgaben.

»Wir sind nicht nur verantwortlich für das, was wir tun, sondern auch für das, was wir nicht tun.«
Molière

Warum tun Sie, was Sie tun?

Ich gebe seit mehr als zwei Jahrzehnten Führungsseminare. Inzwischen spüre ich schon vor Beginn des eigentlichen Trainings, wie motiviert die Teilnehmer sind. Es gibt Runden, die strahlen gespannte Erwartung aus, andere sind freundlich und interessiert. Und wieder andere lassen mich ahnen, wie man sich als Lehrer in einer Brennpunktschule fühlen muss, vor einer Gruppe desinteressierter 15-Jähriger, die fast überall lieber wären als im Klassenraum. In diesem (glücklicherweise seltenen) Fall frage ich die Teilnehmer schlicht: »Warum sind Sie hier?« Nach erstauntem Schweigen und einigem Nachbohren meinerseits kommen irgendwann die wahren Gründe auf den Tisch: »Weil unser Chef das so will«, »Weil ich angemeldet wurde«, »Weil ich demnächst führen muss«, »Weil ich das im Rahmen der Führungskräfte-Entwicklung machen muss«. Ich schließe daraus: »Aha, Sie müssen also.« Mancher nickt. Ich frage dann nach: »Man hat Sie also quasi mit vorgehaltener Pistole gezwungen?«

Mit dem »Müssen« ist das so eine Sache. Warum arbeiten Sie in Ihrer Firma? – Weil Sie Geld verdienen müssen? Warum lesen Sie dieses Buch? – Weil Sie sich weiterbilden müssen? Warum sind Sie selbst am Wochenende im Stress? – Weil Sie mit den Kindern etwas unternehmen müssen, gleichzeitig Liegengebliebenes aufarbeiten müssen und auch noch ein Geburtstagsgeschenk besorgen müssen? Nüchtern betrachtet, »müssen« Sie nichts davon. Sie können sich arbeitslos melden, auf Party und Weiterbildung pfeifen und Ihre Kinder zur Adoption freigeben. Wir sind ein freies Land mit Sozialleistungen, die die Grundbedürfnisse abdecken. Solche Vorschläge finden die meisten Menschen zu Recht absurd. Sie lieben ihre Kinder und wollen gerne Zeit mit ihnen verbringen. Sie mögen ihren Job, zumindest gehen sie lieber zur Arbeit als zum Arbeitsamt. Und sie wollen vorwärtskommen und sich deshalb fortbilden, auch wenn das manchmal anstrengend sein mag.

Vielleicht achten Sie einmal darauf, wie oft Sie im Alltag vom »Müssen« reden, wenn es im Grunde genommen um Dinge geht, für die Sie sich frei entschieden haben. Mein Kollege Jens Corssen stellt dieser »Ich muss«-Haltung eine provokante These entgegen: »Wo ich bin, will ich sein – alles andere war mir bisher in meiner Vorstellung zu teuer.«[1]

Bevor Sie protestieren, machen Sie die Probe aufs Exempel: Warum tun Sie manches, obwohl Sie es »hassen«? Beispielsweise

- dem sprunghaften Vorstand zum x-ten Mal neue Zahlen liefern, die er dann doch wieder nicht liest;
- den Großkunden, der immer auf den letzten Drücker ordert und dann eine Vorzugsbehandlung erwartet, auch dieses Mal klaglos beliefern;
- Weihnachten bei den Schwiegereltern verbringen, obwohl Sie viel lieber in Ruhe zu Hause wären oder ganz weit weg führen.

Corssen hat recht: Wir tun solche Dinge, weil uns der Preis für die Alternative (Zahlen verweigern, einem wichtigen Kunden widersprechen oder die Schwiegereltern brüskieren) zu hoch erscheint. Dann sollten wir uns aber nicht einreden, wir hätten keine Wahl. Eine Wahl haben wir außer beim Sterben immer, nur müssen wir dann auch bereit sein, den Preis für unsere Wahl zu bezahlen. Über dieses Thema hat Reinhard Sprenger gleich ein ganzes Buch geschrieben: »Die Entscheidung liegt bei Dir!«[2] Die Feststellung, dass wir immer eine Wahl haben, ist alles andere als philosophische Haarspalterei, sie hat unmittelbar lebenspraktische Konsequenzen. Denn wenn Sie das, was Sie tun, letztlich freiwillig tun (weil Sie die Alternativen für zu riskant, zu unmoralisch, zu »teuer« halten), können Sie es auch gleich mit voller Überzeugung tun. Etwas nur halbherzig zu tun und gleichzeitig darüber zu klagen erinnert an den Esel, der zwischen zwei Heuhaufen verhungert, weil er sich nicht entscheiden kann, von welchem er fressen will.

Mit »Driver's Seat« ist die lebenskluge Haltung gemeint, die Dinge, für die man sich einmal entschieden hat, dann auch mit Verve zu tun, selbst wenn man sie nicht immer mag. Klug ist das deshalb, weil es unweigerlich zu besseren Ergebnissen und damit wiederum zu mehr

Zufriedenheit führt. Wer sein Leben und seinen Berufsalltag vom Fahrersitz aus steuert, wird glücklicher als derjenige, der maulend auf dem Beifahrersitz Platz nimmt oder gar wie gelähmt im Kofferraum kauert.

Diese Thematik berührt eine sehr alte Streitfrage, nämlich die, ob Menschen durch das Umfeld und durch ihre Lerngeschichte determiniert sind (Determinismus) oder ob sie die Fähigkeit besitzen, mit freiem Willen zu entscheiden und ihr Schicksal selbst in die Hand zu nehmen (Existenzialismus). Man kann über diese Frage lange diskutieren. Ich möchte sie pragmatisch beantworten: Wer den Anspruch an sich hat, einen freien Willen zu besitzen, ist erfolgreicher. Diese Haltung hat Konsequenzen sowohl für die eigene Lebensführung als auch für den Umgang mit Gesprächspartnern, die sich mit dem Hinweis auf äußere Faktoren aus der Verantwortung stehlen:

»Der Termin war nicht zu halten, weil die anderen nicht rechtzeitig geliefert haben!«
»Ich konnte das nicht fertigstellen, weil zwischendurch ein anderer Auftrag reinkam.«

In Wirklichkeit hat Ihr Gegenüber in beiden Fällen eine Entscheidung getroffen: Im ersten Fall hat er die Dinge laufen lassen, ohne rechtzeitig nachzuhaken, im zweiten Fall war ihm der andere Auftrag offenbar wichtiger als der von Ihnen. In diesem Kapitel erfahren Sie, wie Sie im Unternehmensalltag durch mehr Selbstbestimmung bei sich wie bei anderen zu besseren Ergebnissen kommen.

Selbst fahren oder nur Beifahrer sein?

»Muss ich denn hier alles selber machen?« Dieser Satz gehört vermutlich zu den häufigsten Stoßseufzern von Führungskräften. Er beklagt die Unselbstständigkeit von Mitarbeitenden, zu der jedoch nicht wenige Führungskräfte selbst beitragen, indem sie in jeder fraglichen Situation als Retter in der Not zur Verfügung stehen. So schmeichelhaft diese heroische Macherrolle sein mag, sie rächt sich mit permanenter Mehrarbeit. Im Seminar nehme ich zur Einführung ins Thema Selbstbestimmung drei Flipchart-Stifte in die Hand, einen grünen, einen roten, einen blauen, und frage: »Kennen Sie das? Ihr Mitarbeiter kommt und fragt: ›Chef, was soll ich tun? Nehmen wir Grün, Rot oder Blau?‹« Fast alle Teilnehmer nicken: Nervige Nachfragen, ja, das kennt man! Wenn die Leute doch endlich mehr Eigenverantwortung zeigen würden ... Die meisten Führungskräfte sagen dann: »Nimm den grünen [oder roten bzw. blauen] Stift!«, und demontieren mit ihrer Empfehlung die Selbstbestimmung und die Eigenverantwortung ihrer Mitarbeiter.

Wie ist es bei Ihnen? Was würde es für Ihr Unternehmen, für Ihre Abteilung bedeuten, wenn sich der Selbstbestimmungsgrad Ihrer Mitarbeiter auch nur um 20 Prozent erhöhte? Ich gehe davon aus, dass dieser Effekt interessant genug ist, um tiefer ins Thema einzusteigen.

Auch jenseits innovativer Management-Ansätze, in heute noch vorherrschenden traditionellen Unternehmensstrukturen, gewinnt das Thema Selbstbestimmung immer mehr an Brisanz, obwohl oberflächlich betrachtet bessere Ausbildungen, flachere Hierarchien und kooperative Führungsansätze von selbst dafür sorgen sollten, dass in unseren Unternehmen fachkompetente Mitarbeitende weitgehend selbstständig arbeiten. Die Praxis sieht anders aus: Rückdelegationen, verschleppte Termine, Ausflüchte, halbherziges Engagement. Woran liegt das?

Ursache ist vor allem die zunehmende Komplexität unserer Arbeitswelt. Phänomene wie »Verdichtung« und »Entgrenzung« der Arbeit waren bereits ein Thema, bevor das Schlagwort von der »VUKA-Welt«, die volatil, unsicher, komplex und ambig ist, die Runde machte. Die Digitalisierung von Prozessen, die beschleunigte elektronische Kommunikation, die überschwemmten E-Mail-Postfächer, die verzahnten Outlook-Kalender, die jede Terminabstimmung unweigerlich zum komplizierten Akt mit mehreren Runden machen, die Zusammenarbeit über Zeitzonen hinweg mit ganz unterschiedlichen Kulturen, die Ad-hoc-Anpassung von Planungen, weil sich irgendwo in der Ferne eine Richtlinie, ein Gesetz oder eine Kundenanforderung geändert hat, die überraschenden Strategiewechsel in der Unternehmenszentrale – all das führt dazu, dass sich die Arbeitswelt im subjektiven Empfinden immer schneller dreht.

Das Unternehmen der Zukunft: Mehr Eigenverantwortung durch Netzwerke

Wer die Managementliteratur der letzten Jahre verfolgt hat, begegnet dem Ideal selbstbestimmter, eigenverantwortlich handelnder Mitarbeitenden dort im Kontext von Überlegungen, wie Unternehmen in der VUKA-Welt organisiert sein müssen, um angesichts von hoher Dynamik und globalem Wettbewerb ihre Existenz zu sichern. Der Change-Experte John P. Kotter etwa fordert schon im Titel seines Buches »Accelerate!« eine Beschleunigung von Innovationen und Prozessen.[3] Sein Ansatz: Unternehmen brauchen zukünftig ein »duales Betriebssystem«. Die klassische hierarchische Organisation muss ergänzt werden durch eine parallele Netzwerkstruktur, in der Mitarbeitende verschiedener Unternehmensbereiche und -ebenen engagiert, auf Augenhöhe und mit einem hohen Maß an Selbststeuerung drängende Fragen schneller und kreativer bearbeiten und lösen. Kotters Kernthese: Während die traditionelle Hierarchie Standardprozesse und -aufgaben effizient organisieren kann, ist sie für strategische Innovationen und das Lösen drängender Probleme inzwischen zu schwerfällig. Bis eine Großorganisation beispielsweise ihre Produktpalette neuen Kundenerwartungen angepasst hat, ist ein Start-up womöglich längst in diese Lücke gestoßen. In der Tat herrscht im Netzwerk, wie Kotter es beschreibt, eine zupackende und enthusiastische Start-up-Mentalität. Das hohe Maß an Selbststeuerung und Motivation wird in Kotters Verständnis dadurch gesichert, dass sich das Netzwerk aus Freiwilligen speist, die sich zusätzlich zu ihren sonstigen Aufgaben um die Mitarbeit in inhaltlich spannenden und potenziell karrierefördernden Netzwerkprojekten bewerben.

Der Berater und frühere Controller Niels Pfläging hält hierarchische Organisationsstrukturen, die einem System der Weisung und Kontrolle folgen (»Alpha«-Organisationen), für ein Relikt des Industriezeitalters mit seinen vorhersehbaren Massenmärkten. Auch für ihn ist das Netzwerk (»Beta«-Organisation) die Organisationsform der Zukunft: Eine dezentrale Struktur, die das Wissen und die Verantwortung aller mobilisiere, könne dichter am Markt, flexibler und schneller agieren. In seinem Buch »Organisation für Komplexität« skizziert er das Unternehmen als mehrschichtiges Netzwerk mit dezentralen Entscheidungsprozessen, in dem der »Gruppendruck« selbststeuernder Teams an die Stelle einer zentralen Steuerung tritt. Die dafür unerlässliche Motivation und Eigenverantwortung wird für Pfläging durch den Abbau von Gängelung und kleinteiligen Regeln freigesetzt.[4]

→

Unerlässlich sind Selbstverantwortung und Selbststeuerung auch für die modernen Zielsysteme, mit denen Internet-Giganten wie Google, aber auch Start-ups wie MyMuesli Komplexität und hohe Dynamik in Einklang zu bringen suchen: Bei den OKRs (Objectives & Key Results) arbeitet man mit mittelfristigen Unternehmenszielen, die von der Geschäftsführung vorgegeben, von selbstgesteuerten Teams in Teamziele (»Objectives«) und konkrete Zielmarken (»Key Results«) übersetzt werden, um anschließend vom einzelnen Mitarbeitenden auf persönliche Ziele heruntergebrochen zu werden (mehr hierzu im 4. Kapitel »Zielprojektion«). Die Frage »Was soll ich tun?« stellt sich hier jeder selbst, nicht der jeweiligen Führungskraft.[5]

Die Versuchung ist gerade dann groß, sich mit einem Gefühl der Überforderung oder Frustration aus der Selbstbestimmung zu verabschieden und in eine Opferrolle zu flüchten. Tenor: Alles ganz schrecklich, aber ich kann da ohnehin nichts machen. Statt zu agieren, reagiert man nur noch. Im Zweifelsfall gibt der Betreffende eben dort nach, wo er den größten Druck vermutet, und fragt lieber die Führungskraft, als selbst eine Entscheidung zu treffen. Alternativ verfällt er in kopflosen Aktionismus: Alles scheint gleich wichtig, man verzettelt sich trotz endloser Überstunden. Oder man tritt die Flucht nach vorn an und sucht sein Heil in der Aggression gegen denjenigen, der die nächste (unweigerlich als Zumutung empfundene) Anforderung stellt: »Ich habe die Schnauze voll!«

Dieses Verhalten ist naturgemäß nicht auf Mitarbeitende beschränkt. Es gibt auch Führungskräfte, die so agieren. Glücklich wird man mit dieser Haltung natürlich nicht, im Gegenteil: Sich zum Spielball äußerer Anstöße zu machen führt geradeswegs in die permanente Unzufriedenheit, wenn nicht gar in die innere Kündigung oder den Burn-out. Niemand möchte nur Beifahrer auf der Reise seines Lebens sein, auch nicht auf der täglichen Etappe, die wir am Arbeitsplatz verbringen. Selbst am Steuer zu sitzen bringt unzweifelhaft die größere Erfüllung.

Das Paradoxon besteht darin, dass die Komplexität unserer modernen Arbeitswelt, die viele in eine Opferhaltung drängt, sich in Wahrheit nur bewältigen lässt, wenn wir nicht weniger, sondern *mehr* Selbstbestimmungskräfte mobilisieren. Wer resigniert, verliert. Wer sich als Player versteht, erobert die Hoheit über sein Leben. Deswegen plädiere ich mit dem Mindset »Driver's Seat« dafür, sich immer wieder vor Augen zu führen, dass wir selbst die Wahl haben, was wir tun oder lassen. Dabei wirkt schon die Erkenntnis, etwas bewusst »lassen« zu können, auf manchen wie eine Befreiung, weil es das Gedankenkarussell der im Kopf herumspukenden Nebensächlichkeiten verlangsamt (siehe dazu auch den Exkurs »Das Eisenhower-Prinzip« auf der übernächsten Seite).

Führungskräfte (doch nicht nur sie) sollten sich angesichts der hohen Anforderungen einer dynamischen Arbeitswelt immer wieder bewusst machen, dass sie Handlungsspielräume haben und diese aktiv nutzen können. Ich nenne diese innere Haltung auch »Flughöhe Wahl«: Es geht darum, sich für einen Moment bewusst aus der Hektik des Alltags auszuklinken und sich – quasi von einer höheren Warte aus – Fragen wie die folgenden zu stellen:

- Befinde ich mich auf dem richtigen Weg?
- Wie wichtig ist diese Angelegenheit wirklich?
- Welche Optionen habe ich in dieser Situation?
- Wer setzt mich eventuell mit welchen Motiven unter Druck? Muss ich diesem Druck nachgeben?
- Muss ich *jetzt* eine Entscheidung treffen?
- Welche mittel- und langfristigen Konsequenzen hat meine Entscheidung (für das Unternehmen, für die Mitarbeitenden, für mich selbst)?

Nicht nur, etwas zu tun, sondern auch, etwas zu lassen, ist in dieser Denkrichtung eine bewusste Entscheidung. Versäumnisse können damit nicht länger Folge von Umständen sein – bei sich wie bei anderen! Wenn Sie selbst zu spät zu einem Meeting kommen, ist nicht der Stau »schuld«, sondern Ihre Entscheidung, die Fahrzeit (zu) knapp zu kalkulieren. Und wenn Ihr Mitarbeiter eine Zusage nicht einhält, ist nicht der andere Auftrag schuld, der »zwischendurch reinkam«, sondern die Entscheidung Ihres Mitarbeiters, diesem Auftrag Vorrang vor der Vereinbarung mit Ihnen zu geben.

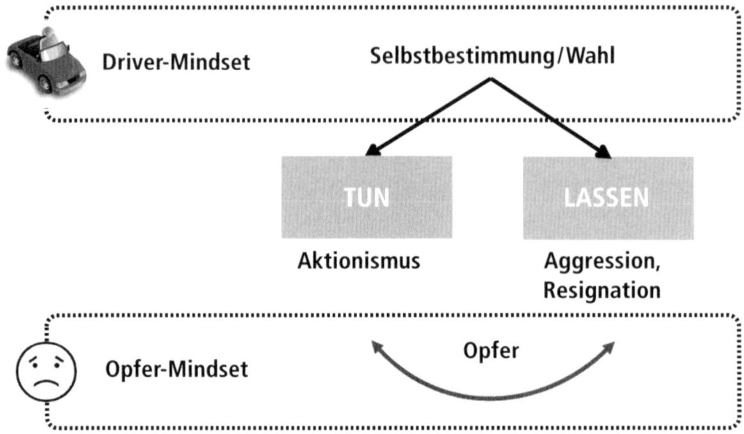

Abb. 5: Zusammenhang zwischen Mindset und Selbstbestimmung

Selbstbestimmte Menschen agieren häufiger aus der Perspektive der Selbststeuerung (»Driver«). Sie richten ihre Aufmerksamkeit auf beeinflussbare Aspekte der Situation. Ihr Handeln erfolgt aus der Haltung eines Entscheiders, auch wenn der Handlungsspielraum manchmal gering ist. Die Opferhaltungen des Aktionismus (»Na gut, ich kann's ja mal probieren…«), der Resignation (»Da kann man nichts machen!«) oder der Aggression (»Eine Unverschämtheit, was die von uns verlangen!«) sind ihnen weitgehend fremd. Interessanterweise stärkt die Vogelperspektive der »Flughöhe Wahl« das Selbstbewusstsein, die Ausstrahlung und damit die Wirkung auf andere Personen, also Leadership. Aufgabe einer Führungskraft ist es, die »Flughöhe Wahl« und damit eigenverantwortliches und unternehmerisches Denken wie Handeln vorzuleben und auch bei den Mitarbeitenden zu stärken.

Neben direkten Botschaften im Gespräch spielt uns auch hier das Phänomen der Resonanz in die Hände: Eine Führungskraft, die gelassen aus der Perspektive agiert »Welche Optionen haben wir? Was können wir tun?«, strahlt Zuversicht und Lösungsorientierung aus und aktiviert so entsprechende neuronale Netze (Assoziationsmuster) beim Gegenüber.[6] Dies verstärkt die Neigung des anderen, ebenfalls auf die Kraft der Selbstbestimmung zu vertrauen.

Das Eisenhower-Prinzip – alles andere als ein alter Hut!

Vermutlich kennen Sie die Eisenhower-Matrix aus dem Zeitmanagement. Sie kategorisiert Aufgaben nach Dringlichkeit und Wichtigkeit und gibt entsprechende Handlungsempfehlungen:

	Dringend	**Nicht dringend**
Wichtig	Zeitnah selbst erledigen TUN I	Bewusst priorisieren TUN II
Nicht wichtig	Delegieren LASSEN IV	Papierkorb LASSEN III

Wenn Ihnen das nur ein müdes Lächeln entlockt, fragen Sie sich:

- Wie oft wenden Sie die Matrix im Alltag tatsächlich an? Sind Sie wirklich im Driver's Seat?
- Quadrant I: Wie selbstbestimmt handeln Sie bei der Zuordnung von Themen zur »Dringlich und wichtig«-Kategorie? (Wie stark lassen Sie sich dabei von anderen unter Druck setzen?)
- Quadrant II: Wie entschlossen handeln Sie bei der Priorisierung wichtiger, aber nicht zeitsensibler Fragen? Das sind im Allgemeinen Fragen, die langfristige Folgen für Ihren Arbeitsalltag haben (z. B. Strategie, Mitarbeiterentwicklung, Lernen, Beziehungen pflegen)?
- Quadrant III: Wie viele weder wichtige noch dringliche Dinge *lassen* Sie tatsächlich konsequent? (Wie leicht sind Sie abzulenken?)
- Quadrant IV: Wie konsequent sind Sie in der Delegation von Aufgaben, die eigentlich von anderen gemacht werden sollten?

Dabei kommt uns sogar die begrenzte Kapazität unserer Aufmerksamkeit zugute. Allen Multitasking-Träumen zum Trotz steht für Hirnforscher außer Frage, dass wir nur eine Sache, die Aufmerksamkeit verlangt, auf einmal erledigen können. Beschäftigen wir uns also gedanklich mit unseren Handlungsmöglichkeiten, zieht dies unweigerlich die Aufmerksamkeit von destruktiven Überlegungen ab.[7] Bewusst wird uns dieser Effekt vor allem anders herum: Wenn unser Gegenüber zum Nervenbündel mutiert, müssen wir uns zusammenreißen, um uns davon nicht anstecken zu lassen: »Der macht mich total nervös, ich kann mich nicht mehr konzentrieren!« Dieser Ansteckungseffekt der Resonanz funktioniert glücklicherweise auch in die positive Richtung!

Optimisten leben besser

»Auf dem Fahrersitz Platz zu nehmen, das sagt sich so leicht«, wird häufig gegen das Leadership-Tool »Driver's Seat« eingewandt: »Das schafft aber nicht jeder. Und manchmal ist das doch schwer.« Das stimmt. Doch in jedem Kollegen- oder Freundeskreis gibt es Menschen, die ihr Arbeitsleben im Großen und Ganzen als erfüllend empfinden, und solche, die permanent über die Zumutungen des Arbeitsalltags klagen und die Tage bis zum nächsten Urlaub oder sogar bis zur Rente zählen. Manchmal arbeiten diese Menschen sogar Seite an Seite, mit einer völlig unterschiedlichen Sicht auf dieselben Bedingungen. Am gleichen Arbeitsplatz erleidet der eine einen Burn-out, der andere bewältigt die Anforderungen, ohne Schaden zu nehmen. Dabei spielen viele Faktoren eine Rolle. Eigenschaften wie Zuversicht und Belastbarkeit, Einstellungen, etwa dazu, wie viel man selbst bewegen kann, günstige und weniger günstige Umfelder (gutes oder schlechtes Arbeitsklima beispielsweise), Führungsqualität, eigene Ansprüche (Perfektionismus oder Pragmatismus) und die Frage, ob man am richtigen Platz ist und dort seine persönlichen Stärken einsetzen kann, um nur einige zu nennen.

Besonders interessant ist in diesem Zusammenhang der Ansatz der »Positiven Psychologie«. Dieses Konzept hat nichts mit naivem positivem Denken zu tun, bei dem man im fragwürdigsten Fall gedankliche Botschaften ans Universum sendet und so angeblich mühelos freie Parkplätze, Traumpartner oder den nächsten Karriereschritt ergattert. Die Positive Psychologie geht mit wissenschaftlichen Methoden der Frage nach, was gesunde Menschen gesund und glückliche Menschen glücklich macht, während die klassische Psychologie sich eher auf die Ursachen von Verhaltensdefiziten und psychischen Problemen konzentriert.

Dabei stellt die Positive Psychologie unser herkömmliches Glücksverständnis auf den Kopf. Viele Menschen gehen davon aus, dass Erfolgserlebnisse sie glücklich machen: Wenn erst die Prüfung geschafft, das Projekt beendet, die Beförderung erreicht ist, wird man glücklich sein. Doch dieses Glück ist erfahrungsgemäß flüchtig und findet überwiegend in einer fernen Zukunft statt. Zufriedenheit oder Glück sind nicht die Folge von Erfolgen, sondern deren Basis, meint dagegen Shawn Achor. In seinem Buch über »The Happiness Advantage« bezieht er sich auf Studien, die belegen, dass Menschen mit einem positiven Mindset produktiver, kreativer und erfolgreicher arbeiten, insbesondere auf eine Metastudie von Lyubomirsky et al., die 225 wissenschaftliche Arbeiten zu diesem Thema auswerteten.[8] Achors Fazit:

Positiv gestimmte (»glückliche«) Mitarbeiter ...

... erzielen 37 % mehr Abschlüsse,
... sind 3-mal kreativer,
... sind 31 % produktiver,
... besitzen eine 40 % höhere Wahrscheinlichkeit, befördert zu werden,
... zeigen 23 % weniger Erschöpfungssymptome,
... haben eine 39 % höhere Wahrscheinlichkeit, 94 Jahre zu werden.[9]

Es scheint daher an der Zeit, das alte Glücksparadigma durch ein neues zu ersetzen (vgl. Abbildung 6).

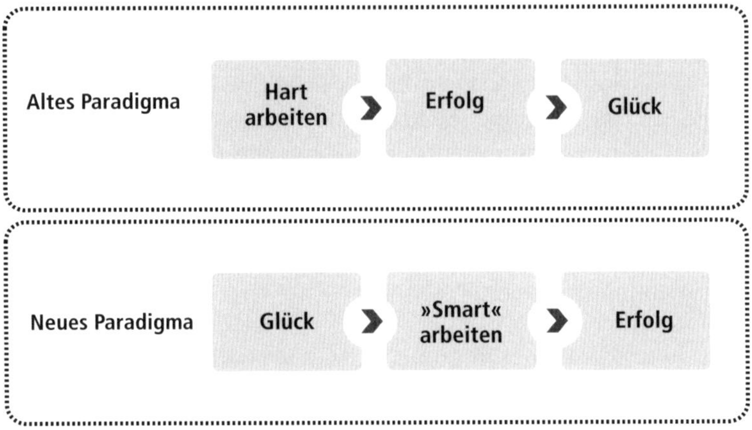

Abb. 6: Wie funktioniert Glück?

Mit einer positiven Grundhaltung an seine Arbeit heranzugehen, ist schlicht intelligent. Denn es ist klüger, seine Energie in Handeln und Problemlösungen zu investieren, als sie durch Jammern zu vergeuden. Unsere Energie ist begrenzt, und während unser Gehirn mit negativen Emotionen (Angst, Ärger) beschäftigt ist, sind die Gehirnregionen, die für die Lösungsfindung zuständig sind (präfrontaler Cortex), nicht aktiviert, wie Neurologen betonen (vgl. Kapitel 1). Mit einem positiven Mindset arbeitet man mit höherer Wahrscheinlichkeit »smart«, mit einem negativen plagt man sich eher und arbeitet »hart«. Im ersten Fall bestärken Erfolgserlebnisse auf Dauer den eigenen Optimismus, im zweiten Fall verstärkt die Mühsal die Negativhaltung – eine Positiv- oder Negativspirale, die man jeweils selbst in Gang setzt. Aus diesem Grund gibt es Menschen, die notorisch missmutig sind, während andere überwiegend zuversichtlich durchs Leben gehen.

Ich ahne, was Sie entgegnen wollen: Ob man eher Pessimist oder Optimist sei, dafür könne man ja nichts. Jein. Natürlich gibt es Charaktereigenschaften und familiäre Prägungen. Auf der anderen Seite sind wir weder Marionetten unseres Umfelds noch hilflose Opfer unserer Gene. »Wir sind biologisch betrachtet jederzeit in der Lage, uns zu verändern, neues Wissen und neue Fähigkeiten zu erlernen, neue Verhaltensweisen zu entwickeln und alte Verhaltensweisen hinter uns zu lassen. Wir können auch die Art und Weise unsers Denkens jederzeit anpassen«, schreibt Purps-Pardigol unter Berufung auf die moderne Hirnforschung.[10] Voraussetzung: Man muss die Veränderung wollen.

Dann kann man es sich buchstäblich angewöhnen, mit einer positiveren, handlungsorientierten Einstellung durch den Tag zu gehen. »Training your brain to be positive is not so different from training your muscles at the gym«, schreibt Shawn Achor in einem Beitrag für die *Harvard Business Review*. Sein Trainingsprogramm für mehr Happiness klingt erstaunlich simpel:

- Notieren Sie jeden Abend drei Dinge, für die Sie an diesem Tag dankbar sind.
- Schreiben Sie täglich eine positive Nachricht an jemanden in Ihrem persönlichen Netzwerk.
- Meditieren Sie täglich zwei Minuten an Ihrem Schreibtisch.
- Machen Sie täglich zehn Minuten Ausdauertraining.
- Nehmen Sie sich zwei Minuten Zeit, um in einem Tagebuch die für Sie bedeutsamste Erfahrung des Tages festzuhalten.

Schon das tägliche Ausführen *einer* dieser Übungen führte bei Probanden (Wirtschaftsprüfern) nach nur drei Wochen zu signifikant höheren Werten bei Lebenszufriedenheit und Optimismus als bei einer Vergleichsgruppe, so Achor.[11] Die kleinen Übungen komprimieren Erkenntnisse der Glücksforschung, der zufolge positive soziale Kontakte, die Fähigkeit zur Dankbarkeit und Bewegung wesentliche Glücksbausteine sind. Auch etwas zu tun, zu gestalten, macht Menschen zufriedener. Selbst handeln ist erfüllender, als sich als Opfer äußerer Umstände zu empfinden. Der bekannte Neurobiologe Gerald Hüther bezeichnet das »Über-sich-hinauswachsen-und-sich-entfalten-Können« als »neurobiologisches Grundbedürfnis«, ohne das die rasante kognitive und physische Entwicklung von Kleinkindern gar nicht denkbar sei.[12] Selbst etwas erreichen und bewegen zu wollen, gehört demnach zur Grundausstattung jedes Menschen.

Wenn Sie am Arbeitsplatz wenig von diesem Gestaltungswillen spüren, haben möglicherweise die vorherrschende Führungsphilosophie und geringe Freiräume Mitarbeiter in die Resignation getrieben. Außerdem gewöhnen manche Menschen sich im Laufe des Lebens Gestaltungsfreude und Eigenverantwortung buchstäblich ab. Für die Gesundheit ist dann der Arzt verantwortlich, für die Berufswahl der Berater vom Arbeitsamt und für die Motivation im Job der Arbeitgeber. Und wenn ein Projekt im Job scheitert, liegt es natürlich auch an anderen oder an den »Umständen«.

Ob es vor diesem Hintergrund klug ist, dass in manchen Unternehmen immer mehr durch Regeln bestimmt wird, etwa wann Mitarbeiter Mails empfangen und per Diensthandy erreichbar sein dürfen, nach wie vielen Stunden sie das Büro verlassen müssen usw., ist eine Diskussion wert. Ich sehe den Aspekt des Arbeitsschutzes durchaus. Gleichzeitig sendet man aber eine fragwürdige Nebenbotschaft: »Für mein Wohlergehen bin nicht ich selbst verantwortlich, sondern mein Arbeitgeber muss sich darum kümmern.« Reinhard Sprenger sieht darin eine herablassende »Bevormundungskultur«.[13]

Unabhängig davon schätzen Menschen unterschiedlich ein, wie viel sie mit ihrem eigenen Handeln bewirken können. Psychologen sprechen in diesem Zusammenhang von der »Selbstwirksamkeitserwartung«. Wenn Sie dieses Konzept interessiert, lesen Sie den Exkurs »Selbstwirksamkeit«.

Wenn Sie als Führungskraft die Selbstbestimmung Ihrer Mitarbeiter stärken wollen, tun Sie gut daran, deren Zutrauen in ihre eigene Kompetenz (ihre Selbstwirksamkeitserwartung) zu stärken. Ausgehend von Banduras Überlegungen gelingt dies am ehesten, indem Sie ein positives Vorbild für Gelassenheit und Tatkraft geben; ferner dadurch, dass Sie durch konsistente und durchdachte Übertragung von Verantwortung den Mitarbeitenden eigene Erfolgserlebnisse ermöglichen; und schließlich durch verbale Ermutigung. Kein Trainer im Spitzensport gibt seinem Schützling Sätze wie »Da darf jetzt aber wirklich nichts schiefgehen!« oder »Wie konnte dir dieser Fehler beim letzten Rennen bloß passieren?« mit auf den Weg. Warum unterliegen wir in der Führung dann immer noch dem Irrglauben, durch Schwarzmalen und Kritisieren würden wir Menschen besser machen?

Wie wichtig Ermutigung ist, unterstreicht auch Gerald Hüther aus der Sicht der Hirnforschung. Niemand könne sein Potenzial voll entfalten, aber jeder könne jederzeit dazulernen, neues Wissen und neue

Selbstwirksamkeit – das Vertrauen in eigene Handlungsmöglichkeiten

Mit »Selbstwirksamkeit« meint Albert Bandura, in Stanford lehrender Psychologe, die Erwartung einer Person, aufgrund eigener Fähigkeiten Herausforderungen zu meistern. Menschen mit hoher Selbstwirksamkeitserwartung sind optimistisch, anstehende Aufgaben zu lösen. Gut ablesen lässt sich dieses Konzept an den Aussagen, mit denen psychologische Tests die Selbstwirksamkeitserwartung messen:

1. Wenn sich Widerstände auftun, finde ich Mittel und Wege, mich durchzusetzen.
2. Die Lösung schwieriger Probleme gelingt mir immer, wenn ich mich darum bemühe.
3. Es bereitet mir keine Schwierigkeiten, meine Absichten und Ziele zu verwirklichen.
4. In unerwarteten Situationen weiß ich immer, wie ich mich verhalten soll.
5. Auch bei überraschenden Ereignissen glaube ich, dass ich gut mit ihnen zurechtkommen kann.
6. Schwierigkeiten sehe ich gelassen entgegen, weil ich meinen Fähigkeiten immer vertrauen kann.
7. Was auch immer passiert, ich werde schon klarkommen.
8. Für jedes Problem kann ich eine Lösung finden.
9. Wenn eine neue Sache auf mich zukommt, weiß ich, wie ich damit umgehen kann.
10. Wenn ein Problem auf mich zukommt, habe ich meist mehrere Ideen, wie ich es lösen kann.[14]

Wer auf die Mehrzahl dieser Fragen mit »Stimmt genau« oder »Stimmt eher« antwortet, dem wird eine höhere Selbstwirksamkeitserwartung zugeschrieben als jemandem, der überwiegend »Stimmt nicht« oder »Stimmt kaum« ankreuzt.

Als Quellen der Selbstwirksamkeit betrachtet Bandura:

- Erfolgserlebnisse (»mastery experience«), also die Erfahrung, herausfordernde Situationen bewältigt zu haben,
- Modelllernen (»social models«), d.h. die Beobachtung, dass Menschen, die einem selbst ähneln, Situationen erfolgreich bewältigen,

→

- Ermutigung durch andere (»social persuasion«), sofern sich diese auf realistische Aufgaben bezieht, und
- den Umgang mit physischen Stressreaktionen (»emotional and physical reactions«), also die Frage, ob Reaktionen wie Schweißausbrüche oder Herzklopfen als Indikatoren eigener Unfähigkeit oder als beherrschbar erlebt werden.[15]

Natürlich beeinflussen uns diese Faktoren auch anders herum: Misserfolge, negative Vorbilder und Entmutigung senken die Selbstwirksamkeitserwartung und fördern die Opfermentalität (»Da kann ich nichts machen«, »Hat ja doch keinen Zweck«). Wer sich schon als Kind ausprobieren kann, wer Ermutigung erfährt und von Menschen umgeben ist, die ihr Leben optimistisch meistern, hat bessere Chancen, ein hohes Maß an Selbstwirksamkeit zu entwickeln und sich als jemand zu verstehen, der am Steuer seines Lebens sitzt. Überdies haben Menschen mit hoher Selbstwirksamkeitserwartung aufgrund ihres Handelns mehr Erfolgserlebnisse als Menschen mit niedriger Erwartung. Beide Verhaltensweisen bestätigen sich also selbst.

Fähigkeiten erwerben. Die Crux: »Zwingen kann ihn dazu allerdings niemand, nur einladen, ermutigen und inspirieren.« Die Neustrukturierung unseres Gehirns setzt Freiwilligkeit voraus, alles andere ist negativer Stress, der nicht inspiriert, sondern blockiert.[16]

Dass solche Prozesse mitunter Zeit brauchen, zeigt der Fall der Ministry Group, einer Online-Agentur mit 53 Mitarbeitenden. Um das rasche Wachstum zu bewältigen, setzte man hier (ganz im Sinne der oben vorgestellten Ideen von Kotter oder Pfläging) auf selbstorganisierende Teams und schaffte bisherige hierarchische Strukturen ab. Die erste Reaktion der Mitarbeitenden: »Schockstarre« und die Forderung »Mach doch mal 'ne Ansage!«. Es dauerte eine Weile, bis die Projektgruppen mit der gewonnenen Freiheit umgehen konnten und selbstbestimmt Entscheidungen trafen. Möglich wurde dies nur durch ein entsprechendes Selbstverständnis des Managements: »Wir sind dazu da, das Umfeld zu schaffen, in dem die anderen ihren Job machen können«, so Geschäftsführungsmitglied David Cummings. »Das ist nichts anderes als eine Dienstleistung.«[17] Die Einstellung der Führungskräfte – »Handeln ist selbstbestimmt und Ausdruck einer Wahl« – und die Konsequenz im Einfordern verstärkten schließlich das Gefühl von Selbstbestimmung bei den Mitarbeitenden und führten ganz im Sinne der neuronalen Resonanz zu einer Verhaltensänderung.

Wirksame Gesprächstechniken

Unser Zwischenfazit: Wer ein hohes Maß an Selbstbestimmung besitzt, handelt entschlossener und effizienter. Er ist mit hoher Wahrscheinlichkeit auch zufriedener, weil er sich nicht als Spielball des Schicksals oder Opfer der Umstände begreift, sondern als jemand, der selbst Einfluss nehmen kann. Auf diesem Grundgedanken und auf den Erkenntnissen der Positiven Psychologie basiert das Tool »Driver's Seat«.

Je lösungsorientierter und gelassener Sie selbst im Alltag auftreten, desto besser. Erinnern Sie sich daran, dass Sie sich für eine positive Sprache entscheiden können (Positiver Loop, Kapitel 1), denken Sie in Möglichkeiten, nicht in Problemen, strahlen Sie Zuversicht aus. Damit versetzen Sie den anderen (Mitarbeiter, Kollegen) am ehesten in eine emotionale Gestimmtheit, in der seine Eigenverantwortung aktiviert wird. Bedenken Sie darüber hinaus, dass Sie als Führungskraft wie auch als respektierter Kollege im Unternehmen auf einer Bühne agieren. Gerade in heiklen Situationen beobachtet man Ihre Reaktionen genau. Wenn Sie dann Hektik und Sorge ausstrahlen, wird Ihre Umgebung das spiegeln. Und wenn Sie Gelassenheit und Selbstbestimmung ausstrahlen, aktivieren Sie auch dies bei Ihrem Gegenüber.

Der Eigenverantwortung der Mitarbeitenden wird durch entsprechende Strukturen und Handlungsspielräume der Boden bereitet. Doch beides gibt es bereits in der Mehrzahl der Unternehmen, ohne dass damit automatisch eine Kultur der Selbstbestimmung Einzug gehalten hätte. Erst wenn Strukturen und Spielräume durch resonante Erfahrungen ergänzt werden, wird Selbstbestimmung auch gelebt. Die folgenden Gesprächstechniken zielen darauf, Ihrem Gegenüber sein Selbstbestimmungspotenzial in Erinnerung zu rufen.

(Eigene) »Flughöhe Wahl« sprechen

Indirekt aktivieren Sie die Selbstbestimmung Ihres Gegenübers am ehesten, wenn Sie selbst aus der Haltung eines Players argumentieren, der sich im Alltag seiner Handlungsspielräume bewusst ist und diese eigenverantwortlich nutzt. Das beginnt schon damit, öfter »ich« zu sagen, als sich in ein vages »man (müsste)« zu flüchten. Weitere Formulierungen, die Ausdruck der »Flughöhe Wahl« sind:

»Vor diesem Hintergrund habe ich zwei Optionen ...«
»Diese Entscheidung mag Kontroversen auslösen. Ich sehe sie dennoch als vertretbaren Kompromiss, um A und B Rechnung zu tragen.«
»Es ist möglich, dass wir auf diese Weise den Kunden verlieren. Das wäre bedauerlich. Aber ich stehe zu meiner Entscheidung.«
»Als ... bin ich auch verantwortlich für ... Deshalb werde ich hier eingreifen.«

(Dem anderen seine) Wahl aufzeigen

Häufig werden in der Zusammenarbeit »nicht beeinflussbare« Gründe für Verzögerungen oder eine qualitativ nicht ausreichende Leistung angeführt. Bei nicht eingehaltenen Terminen heißt es dann:

»Ich hatte noch andere Aufgaben zu erledigen.«
»Kurzfristig ist noch ein extra Auftrag reingekommen. Deswegen konnte ich das Konzept nicht bis heute fertigstellen.«

Wenn Sie diese Begründungen akzeptieren, akzeptieren Sie auch die dahinterstehende Haltung: »Ich kann nichts machen. Die Umstände sind schuld.« Machen Sie stattdessen Ihrem Gegenüber bewusst, dass Prioritäten seine Entscheidungssache sind, beispielsweise so:

»Es ist Ihre Entscheidung, wie Sie Prioritäten setzen.«
»Sie haben offenbar entschieden, dass die anderen Aufgaben Vorrang haben, und zwar trotz unserer Vereinbarung und ohne das mit mir abzustimmen.«
»Wir hatten die Absprache, dass der Termin steht. Offensichtlich haben Sie entschieden, andere Aufgaben vorzuziehen – ohne Rücksprache ...«

Manchmal folgen auf solche Feststellungen dann Ausflüchte wie:

»Ich kann doch nichts dafür, wenn ich andere Dinge auf den Tisch bekomme.«
»Ich bin nicht schuld. Herr XY wollte unbedingt, dass sein Auftrag sofort erledigt wird.«

Ich empfehle, hartnäckig zu bleiben:

»Sicher können Sie nicht vorhersehen, was Sie auf den Tisch bekommen. Aber Sie können entscheiden, wie Sie damit umgehen.«
»Und auf welcher Basis haben Sie entschieden, dass der Auftrag von Herrn XY wichtiger ist als unsere Absprache?«

Entlassen Sie Ihr Gegenüber nicht aus seiner Eigenverantwortung. Nur so wird es möglich, auf Augenhöhe über die Sachlage zu sprechen und gleichzeitig für die Zukunft die Bringschuld zu adressieren. Strahlen Sie dabei die Zuversicht aus, dass der andere als eigenverantwortlicher und kompetenter Partner auch anders hätte handeln können. Nicht selten folgt dennoch ein hilfloses Achselzucken:

»Aber was hätte ich denn tun sollen?«

Spielen Sie den Ball zurück und erfragen Sie Vorschläge (siehe nächste Technik). Nur wenn Sie daran festhalten, dass der andere das Potenzial zum selbstbestimmten Player hat, wird er sich schließlich auch so verhalten.

Vorschläge erfragen

Laufen Sie nicht in die Macherfalle, in die gerade Führungskräfte gern tappen: Wenn der Mitarbeitende (scheinbar oder tatsächlich) hilflos ist, sieht sich die Führungskraft herausgefordert, selbst eine Lösung aus dem Hut zu zaubern. Fragen Sie stattdessen:

»Was schlagen Sie vor?«
»Was ist Ihrer Meinung nach der nächste Schritt?«
»Sie kennen sich da besser aus, wie möchten Sie vorgehen?«
»Da sind Sie der Experte. Was meinen Sie denn?«

»Sie haben doch schon ähnliche Fälle gelöst. Wie würden Sie diesen angehen?«

Indem Sie die Expertise des anderen unterstreichen, vermitteln Sie gleichzeitig Anerkennung und Zuversicht und aktivieren die »Flughöhe Wahl«. Durch das Erfragen von Vorschlägen können Sie außerdem erkennen, ob die Aufgabe klar ist oder ob noch Klärungsbedarf besteht. Überdies lässt sich an der Reaktion des anderen ablesen, ob der Hebel auf »Tun« umgelegt ist oder ob Ihr Gegenüber noch in der Opferrolle verharrt.

Commitment absichern

Führungskräfte beenden Gespräche häufig mit einem eigenen abschließenden Statement: »Dann halten wir also fest, Sie machen A, B, und C und achten dabei besonders auf D.« Besser ist es, den Gesprächspartner eine Zusammenfassung geben zu lassen. Mit Formulierungen wie den folgenden können Sie das initiieren:

»Was heißt das jetzt abschließend für Sie?«
»Was werden Ihre nächsten Schritte sein?«
»Wie lautet für Sie das Fazit aus unserem Gespräch?«

Nach diesem »Commitment-Check« folgt dann nur noch eine finale Bekräftigung:

»Ich unterstütze Ihren Vorschlag. Dann legen Sie los!«
»Dann sind wir uns einig …«
»Ich freue mich, dass die Vereinbarung jetzt klar ist.«
»Wenn Sie der Meinung sind, dass dies der richtige Weg ist, unterstütze ich Sie bei Ihrem Vorhaben.«

Wer selbst wählt, brennt nicht aus

Zum Thema »Burn-out« ist sehr viel gesagt und geschrieben worden, vielleicht schon zu viel. Und doch kommt man um das Thema kaum herum, wenn man über Arbeitssituationen in der VUKA-Welt schreibt.

Selbstbestimmung aktivieren – ein Beispiel aus dem Arbeitsalltag

Nehmen Sie als Beispiel die unberechtigte Reklamation eines Schlüsselkunden. Der beschwert sich über eine verspätete Lieferung. Als Sie den Vorgang überprüfen, stellt sich heraus, dass der Einkäufer Ihres Kunden in seiner Bestellung genau das Lieferdatum verzeichnet hat, zu dem Ihr Unternehmen ausgeliefert hat, nämlich den 14. statt den 4. des Monats. Offenbar ist dem Einkäufer ein Flüchtigkeitsfehler unterlaufen. Dennoch verlangt Ihr Kunde einen Preisnachlass. Sie haben aufgrund der Sachlage einerseits wenig Spielraum, ihm entgegenzukommen, möchten andererseits aber auch die Beziehung zu diesem wichtigen Kunden nicht beschädigen.

Menschen in der Opferhaltung sagen in solchen Fällen häufig:

> *»Tut mir leid, aber für Ihr Problem können wir nun wirklich nichts.«*
>
> *»Da war nichts mehr zu machen. Wenn Sie sich rechtzeitig gemeldet hätten, sähe die Sache anders aus.«*
>
> *»Ich kann da nichts machen, wenn Ihre Bestellscheine nicht stimmen.«*

Sie entscheiden sich jedoch, das Thema aus der Haltung eines souveränen Players anzugehen: freundlich und emphatisch, aber hart in der Sache. Sie setzen darauf, qua Resonanz die Selbstbestimmung auf Kundenseite zu aktivieren. In diesem Falle ist Ihre persönliche Wirkung vermutlich sehr hoch. Möglich wären Aussagen wie

> *»In der Tat, das ist ärgerlich. Ich verstehe, dass der Verzug für Sie sehr unangenehm ist.«* (Bestätigung, siehe Kapitel 1)
>
> *»Mich hat die Lieferfrist gleich überrascht. Ich hätte nachfragen sollen.«* (»Flughöhe Wahl«)
>
> *»Wichtig ist, dass wir solche Pannen in Zukunft vermeiden. Wie könnten wir das angehen?«* (Vorschläge erfragen)
>
> *»Ich habe hin und her überlegt, wie ich Ihnen entgegenkommen kann* (Selbsteröffnung, siehe Kapitel 1). *In dieser Situation habe ich zwei Handlungsmöglichkeiten: Ich kann Ihr Zahlungsziel um maximal 10 Tage verlängern. Beim Preis kann ich Ihnen zukünftig entgegenkommen, wenn Sie die nächsten Bestellungen zusammenfassen.«* (»Flughöhe Wahl«)

Die Erschöpfungsdepression scheint die Arbeitserkrankung unserer Zeit zu sein, die wie ein Damoklesschwert über vielen Arbeitsplätzen hängt. Aus der Perspektive der Selbstbestimmung ist Burn-out »Opferhaltung im Quadrat« – wachsende Handlungsunfähigkeit bei gleichzeitiger starker emotionaler Betroffenheit. Im Bild des »Driver's Seat«: Wer in den Burn-out rutscht, hat das Steuer längst aus der Hand gegeben. Er befindet sich nicht einmal mehr im Wagen, sondern läuft atemlos und in zunehmender Verzweiflung hinterher, längst blind dafür, dass dieses Verhalten nur in einem völligen Zusammenbruch enden kann. Dabei ist es nicht die viele Arbeit als solche, die krank macht, es ist der Kontrollverlust, das Gefühl des Ausgeliefertseins und der Ausweglosigkeit. Besonders anfällig für diese Sackgasse sind leistungsorientierte Menschen mit einem Hang zum Perfektionismus, die es nicht vermögen, den »Zumutungen« der VUKA-Welt selbst Grenzen zu setzen.

Aus psychologischer Sicht ist es keine Überraschung, dass das Gefühl, seiner Arbeitsumgebung hilflos ausgeliefert zu sein, krank machen kann. Autonomie gehört für die Psychologen Edward L. Deci und Richard M. Ryan zu den grundlegenden Bedürfnissen des Menschen. In ihrer »Selbstbestimmungstheorie des Verhaltens« gehen sie davon aus, dass neben »Kompetenz« und »sozialer Eingebundenheit« die Erfahrung von »Autonomie« eine Voraussetzung für psychische und sogar körperliche Gesundheit ist. Autonomie wird dabei verstanden als Freiwilligkeit des Tuns, nicht als totale Unabhängigkeit von äußeren Faktoren (die vermutlich nicht einmal der Papst besitzt). Autonomie in diesem Sinne kann sich z. B. auch durch echte Einsicht in den Sinn einer Maßnahme und deren aktive Bejahung ergeben.[18]

Der US-Soziologe Robert Karasek kommt auf der Basis empirischer Arbeitsplatz-Studien zu ganz ähnlichen Schlussfolgerungen wie Deci und Ryan. Besonders belastend sind seinem »Anforderungs-Kontroll-Modell« zufolge Arbeitssituationen, in denen hohe Anforderungen mit niedrigen Handlungsspielräumen gepaart sind.[19] Die eigene Selbstbestimmung und die seiner Mitarbeiter zu stärken, ist daher gleichzeitig praktische Prophylaxe in Sachen Burn-out. Erwähnenswert sind in diesem Zusammenhang auch die »Whitehall-II-Studien«, in denen zwischen 1985 und 2000 in England über 10 000 Verwaltungsangestellte vorwiegend in London untersucht wurden. Je geringer ihre

Gestaltungsmöglichkeiten am Arbeitsplatz waren, desto häufiger erkrankten sie. Bei »low job control« habe sich die Wahrscheinlichkeit einer Herzkrankheit um bis zu 80 Prozent erhöht, berichtet Purps-Pardigol.[20]

Während subjektiv geringe Selbstbestimmung Stress verursacht, kann umgekehrt Eigenverantwortung segensreich wirken. Legendär sind in diesem Punkt die Forschungsarbeiten von Ellen Langer in Seniorenheimen, die ergaben, dass alte Menschen, denen auch im Heim noch Verantwortung übertragen wurde (und sei es für die Pflege einer Zimmerpflanze!), im Schnitt fitter und gesünder blieben als jene, denen ihr Leben völlig aus der Hand genommen wurde.[21]

Wenn wir den Eindruck haben, keinen Einfluss mehr auf unser Schicksal, unseren Alltag zu haben, drohen wir krank zu werden. Im hektischen Arbeitsalltag unserer Zeit, in den schwer durchschaubaren Strukturen globaler Großunternehmen, unter den gestiegenen Anforderungen »verdichteter« Aufgabenbereiche ist diese Gefahr groß. Sich rechtzeitig auf seine Selbstbestimmung zu besinnen und entsprechend zu handeln, ist die beste Prävention. Fest auf dem Driver's Seat zu sitzen und beherzt Entscheidungen zu fällen, löst nicht alle Probleme und schützt nicht vor Dilemmata, die sich nicht auflösen lassen. Aber es bewahrt vor dem Gefühl völliger Ausweglosigkeit, das bis zum Suizid eskalieren kann. Denn wer auf dem Fahrersitz bleibt, kann rechtzeitig abbiegen, wenn er sieht, dass er in eine Sackgasse gerät.

Weniger metaphorisch: Wer beispielsweise in einem Umfeld arbeitet, das 16-Stunden-Tage für »normal« hält, wird im Alleingang dieses strukturelle Problem vermutlich kaum lösen. Besinnt er sich aber auf seine Selbstbestimmung, gewinnt er Handlungsoptionen. Er kann den Konflikt riskieren, um seine persönliche Situation zu verbessern, er kann sich eine Frist des »Durchhaltens« setzen, oder er kann sich entscheiden, den Arbeitsplatz zu wechseln. Und all das ist besser, als sehenden Auges die eigene Gesundheit zu ruinieren. Die Unternehmen indes, die solche Arbeitszeiten zur Regel erklären (etwa im Consulting), müssen sich den Hinweis gefallen lassen, dass sie durch solche Arbeitsformen häufig den Selbstbestimmungsmodus der Betroffenen und damit eine wichtige Grundlage für dauerhafte Leistung zerstören.

PRAXISBEISPIEL:
Ein Mitarbeiter wehrt sich gegen die Delegation einer Aufgabe – was tun als Führungskraft?

Abschließend zur Verdeutlichung ein Gesprächsbeispiel, an dem Sie die Wirkungsweise des Leadership-Tools »Driver's Seat« und der bisher erläuterten Gesprächstechniken noch einmal im Zusammenhang sehen können.

Die Ausgangssituation

Sie arbeiten seit zwei Jahren mit einem sehr angenehmen und leistungsbereiten Mitarbeiter zusammen. Er unterstützt Sie, wo er kann, ist überwiegend guter Laune und trägt diese positive Grundstimmung auch in das Team. Das Einzige, was wirklich stört: Wenn er eigenständig Dinge bearbeiten soll, kommt er relativ oft zu Ihnen und möchte sich rückversichern, dass alles in Ordnung ist. Die Delegation funktioniert nicht wirklich, neulich ist ein wichtiger Vorgang liegengeblieben, als Sie für eine Woche auf Dienstreise waren. Der Hinweis, dass er das hätte besser im Blick haben sollen, löste Befremden und Beflissenheit aus.

Ihre Zielsetzung

Sie möchten den Mitarbeiter dazu bringen, Eigenständigkeit und Eigenverantwortung bei der Aufgabenbearbeitung zu entwickeln. Im folgenden Dialog stehen die Abkürzungen FK für Führungskraft und MA für Mitarbeiter. Rechts finden Sie jeweils eine Zuordnung der Gesprächstechniken.

FK: *»Ich möchte Sie bitten, bis Ende nächster Woche, also bis zum 25.02., ein Konzept für die Kundenveranstaltung am 5. Mai zur Vorlage im Geschäftsführungsmeeting zu erstellen. Wie Sie wissen, geht es darum, der XYZ AG exklusiv unsere Neuentwicklungen vorzustellen.«*

MA: *»Sehr gerne – ich kann ja mal einen Entwurf machen und den dann mit Ihnen besprechen.«*

FK: *»Ich vertraue da ganz auf Ihre Erfahrung, ohne dass wir uns zwischendurch abstimmen müssen.«*

MA: *»Mir wäre aber wohler, wenn ich das in enger Rückkopplung mit Ihnen machen könnte …«*

FK: *»Sie kennen sich mit dieser Fragestellung bestens aus. Was ist denn aus Ihrer Sicht wichtig bei der Veranstaltung?«*

Driver's Seat (Vorschläge erfragen)

MA: *»Also, wir sollten unsere Erfahrung mit der XYZ AG nutzen, um die Verkaufsargumente auf deren Bedürfnisse abzustimmen. Außerdem ist es immer besser, Prototypen zu zeigen, als nur mit Fotos zu kommen. Wenn sich Einsparpotenzial ergibt, obwohl das Produkt erst mal teurer ist, wäre das natürlich hilfreich …«*

FK: *»Da haben Sie doch schon wichtige Ansätze. Wie werden Sie weiter vorgehen?«*

Driver's Seat (Vorschläge erfragen)

MA: *»Ich müsste unmittelbar Prototypen und Zahlen im Produktmanagement anfordern. Daneben wäre ja auch noch der Veranstaltungsrahmen zu bedenken. Das Budget ist sicher wie immer?«*

FK: *»Ja.«*

MA: *»Dann könnten wir mit einem Empfang beginnen und dafür ein Catering bei ABC bestellen. Ich sollte anfragen, ob unser Kasino frei ist, oder sollen wir lieber ins DEF-Hotel gehen?«*

FK: *»Das überlasse ich Ihnen. Entscheiden Sie.«*

Driver's Seat (Wahl aufzeigen)

MA: *»Wenn Sie meinen … Und ich soll Sie wirklich nicht zwischendurch informieren?«*	
FK: *»Nein. Ich sehe keinen Grund, warum Sie das nicht allein und ohne weitere Abstimmung umsetzen können. Alle Fragen an mich sind bereits besprochen und geklärt, oder?«*	Driver's Seat (Commitment absichern)
MA: *»Also gut, dann nehme ich das mal in die Hand und lege am 25. das fertige Konzept vor.«*	
FK: *»Ich freue mich, dass wir das so handhaben können!«*	Driver's Seat (Commitment absichern, Dank und Motivation)

In diesem Gesprächsbeispiel kommt es für Sie als Führungskraft vor allem darauf an, Versuche der Absicherung und Rückdelegation durch den Mitarbeiter konsequent abzuwenden und gleichzeitig glaubhaft Ermutigung zu spenden. Andere Beispiele, in denen das Tool »Driver's Seat« besonders bedeutsam ist, sind verfehlte Zielvereinbarungen (»Es ging nicht«, »Wir hatten einfach keine Chance«), die verspätete Lieferung von Beiträgen (»Es ist etwas dazwischengekommen«) oder auch Kick-off-Meetings für Projekte: Die Umsetzung eines Projektplans hat kaum eine Chance, wenn die Projektbeteiligten in der Opferhaltung sind, nach dem Motto: »Ich glaube zwar nicht, dass das was wird, aber wir können ja mal anfangen …« In allen Fällen ist es entscheidend, die Selbstbestimmung der Handelnden zu aktivieren und die bequeme Flucht in die Opferhaltung (»Ich kann nichts dafür, die Umstände sind schuld!«) zu erschweren. Neben der Selbstbestimmung aktiviert der Driver's Seat Entschlossenheit und Verantwortung des Gesprächspartners: Indem die Führungskraft diese Haltung ausstrahlt, weckt sie entsprechende Resonanz beim Gegenüber.

Auf einen Blick: DRIVER'S SEAT

Definition (Worum es bei dem Tool geht)	• Aus einem Selbstverständnis der Selbstbestimmung heraus zu entscheiden und zu handeln – auf dem Fahrersitz Platz zu nehmen, statt die Verantwortung für eigenes Verhalten anderen oder »den Umständen« zuzuschieben.
Verhalten (Gesprächstechniken und Beispiele)	• »Flughöhe Wahl« sprechen *»Vor diesem Hintergrund habe ich zwei Optionen …«* *»Als … bin ich verantwortlich für … Deshalb werde ich hier eingreifen.«* • Wahl aufzeigen *»Es ist Ihre Entscheidung, wie Sie Prioritäten setzen.«* *»Sie haben entschieden, den Termin nicht wahrzunehmen.«* • Vorschläge erfragen *»Was schlagen Sie vor?«* *»Sie kennen sich da besser aus, wie möchten Sie vorgehen?«* *»Da sind Sie der Experte. Was meinen Sie denn?«* • Commitment absich*ern* *»Was heißt das jetzt abschließend für Sie?«* *»Was werden Ihre nächsten Schritte sein?«* *»Ich unterstütze Ihren Vorschlag. Legen Sie los!«*
Mindset (Mit welcher Einstellung Sie dieses Tool aktivieren)	• Alles, was ich tue oder lasse, ist Ausdruck meiner persönlichen Entscheidung. Auch wenn ich »lasse«, bin ich entschieden. • Ich entscheide, ob ich etwas tue oder lasse – immer! • Meine »Flughöhe Wahl« macht mich selbstbewusst und souverän. »Opfer« ist keine Option.

- Mein Gegenüber spürt diese Haltung und wird dadurch ebenfalls zu mehr Eigenverantwortung motiviert (Resonanz).

Resonanz (Ihr Gegenüber wird …)	**selbstbestimmt – verantwortlich – entschlossen**

➔ **Erfolgsformel**
SELBSTBESTIMMT – IMMER!

3. FAKTEN SPRECHEN LASSEN: REALITÄTSANKER

Realitätsanker bedeutet:
Einfluss entsteht dadurch, dass Ziele und Absprachen – die Realität – so im Bewusstsein der Akteure verankert sind, dass sie ohne Wenn und Aber handlungsleitend werden. Gehandelt wird nicht, weil »der Chef das will«, sondern weil die Situation es erfordert. Auch als unangenehm empfundene Maßnahmen werden umgesetzt, weil sie als notwendig akzeptiert werden.

Einsatzmöglichkeiten:
Changeprozesse, Feedback- und Kritik-Gespräche, negative Stimmung / Schuldzuweisungen, Performanceprobleme, Nichteinhaltung von Absprachen / Terminen / Meilensteinen

Ihr Nutzen:

- Sie aktivieren über Realitätsanker ein echtes »Wollen« (Eigenmotivation) beim Gegenüber.
- Die Kombination aus Positivem Loop und Realitätsanker ermöglicht es Ihnen, gleichzeitig kooperativ und in der Sache klar zu sein.
- Führung wird leichter: Nicht die Führungskraft ist Treiber des Geschehens – die Realität ist es.

»Das, was ist, ist.«
WILLIAM SHAKESPEARE, HEINRICH V.

»Tatsachen sind für den Geist, was die Nahrung für den Körper ist.«
EDMUND BURKE

Die Realität führt, nicht die Führungskraft

Unter dem Stichwort »Change« verzeichnete ein Internet-Buchhändler im Sommer 2017 rund 60000 Bücher. Doch obwohl Millionen Seiten darüber geschrieben wurden, gelten Veränderungsprozesse im Unternehmen den meisten Führungskräften immer noch als schwierig und anstrengend. Nur sehr wenige Menschen mögen Veränderungen, die Mehrheit verlässt die Komfortzone des Gewohnten und Bekannten nur ungern. Die Führungskraft wird bei einem Change deshalb oft zum Antreiber, der das Gefühl hat, einen Wagen anschieben zu müssen, dessen Fahrer permanent auf der Bremse steht.

Typisch für diese Situation ist ein Industrieunternehmen, das einen Changeworkshop bei uns bucht. Die Geschäftsführung beklagt, dass »nichts vorangeht«. Der Hintergrund: Die Produktion soll effizienter gestaltet werden, um auch in kleineren Losgrößen wirtschaftlich zu sein. Im Workshop stellt sich heraus, dass die Teilnehmer – Meister, die die Veränderungen in ihren Bereichen umsetzen sollen – in zwei Lager zerfallen. Einige handeln nach dem Motto: »Wenn die oberste Heeresleitung das will, zieh ich das eben durch.« Die anderen stellen sich schützend vor ihre Leute, die man »nicht noch mehr ausquetschen« könne. Niemand ist wirklich überzeugt von dem Konzept; in der Wahrnehmung der Techniker war die Welt vor dem Veränderungsprozess völlig in Ordnung.

Doch solange Menschen nicht wahrhaben, dass die Realität ein Eingreifen (Verändern) erzwingt, handeln sie gar nicht oder nur widerwillig. Erst wenn die Realität und nicht die Führungskraft Treiber des Prozesses ist, hat Change eine Chance. Denn damit Menschen sich wirklich bewegen, müssen sie selbst die Notwendigkeit dazu sehen. Ein (zugegeben extremes) Beispiel für diesen psychologischen Effekt ist der starke Raucher, der nach der Diagnose »Lungenkrebs« von heute auf morgen das Rauchen aufgeben kann, nachdem er jahrzehntelang die Hinweise aller Ärzte ignorierte. Das klingt so einleuchtend, dass es fast schon banal ist, wird im Unternehmensalltag aber häufig übersehen.

Die Realität der Geschäftsleitung im Beispiel des Produktionsbetriebes sieht so aus: Immer mehr B2B-Kunden ordern kleinere Mengen und pochen auf mehr Flexibilität, z. B. kürzere Lieferzeiten. Andernfalls würden sie zu Mitbewerbern abwandern. Ohne Veränderung ist mittelfristig die Existenz des Unternehmens bedroht. Erst wenn diese Realität in den Köpfen der Meister angekommen ist, werden sie die Veränderung selbst wollen – und entsprechend vorantreiben.

Mit »Realitätsanker« ist dieser entscheidende Motivationsfaktor gemeint: Gemeinsames Handeln setzt ein gemeinsames Bild von der Welt und ihren Erfordernissen voraus. Wichtig ist daher, sich im Vorfeld von Projekten Zeit für einen ausführlichen Austausch zu nehmen und sicherzustellen, dass die handelnden Personen eine gemeinsame Realitätsauffassung entwickeln. Hat man sich im gegenseitigen Austausch auf Bodenpunkte des Faktischen geeinigt – im Beispiel also, dass es Wettbewerber gibt, welche kleine Mengen mit hoher Flexibilität liefern – werden bestimmte Maßnahmen unausweichlich. Es bedarf dann keiner direktiven Führung mehr, die laufend kontrolliert und mahnt: Die Realität steuert. Dies gilt übrigens für alle Führungsebenen – im nächsten Schritt müssten die Meister mit ihren Mitarbeitern die Sachlage besprechen und deren (Ein-)Verständnis der Änderungen erzielen. Dass in diesem Prozess Ideen, Anregungen und Einwände der direkt Betroffenen Gehör finden, versteht sich von selbst. Dialog ist keine Einbahnstraße und aus dem operativen Geschäft heraus kommen häufig die wichtigsten Impulse.

Der Begriff »Bodenpunkt« bezeichnet dabei eine unstrittige gemeinsame Realitätsauffassung. Er bringt zum Ausdruck, dass eine Vereinbarung, ein Ziel oder ein Sachverhalt als feststehend betrachtet wird und eine ausreichende Handlungsmotivation (»Anker für Aktivierung«) darstellt. Dabei gilt: Ein Grundpfeiler erfolgreicher Kooperation ist es, verlässlich und konsistent zu agieren und selbst auch Vorbild dafür zu sein, dass Absprachen und Ziele Gültigkeit haben. Häufig wird bei der

Umsetzung von Veränderungsprozessen zu wenig Zeit darauf verwendet, im Vorfeld die Bodenpunkte sauber und klar zu verankern. Dann fehlt in späteren Abstimmungsprozessen und Diskussionen ein klarer Bezugspunkt und die Führungskräfte beginnen zu »eiern«.

Führung besteht heute also darin, die Realität als Anker für Aktivierung zu nutzen, nicht darin, Anweisungen zu geben. Das betrifft nicht nur allgemeine Veränderungen wie Umstrukturierungen, sondern auch individuelle Verhaltensänderungen, etwa wenn Ziele verfehlt, Aufgaben vernachlässigt oder neue Kompetenzen und Zuständigkeiten übertragen werden: Nur wenn der Betroffene es akzeptiert, dass die Situation sein persönliches Handeln erfordert, wird er sich bewegen. Ein Beispiel dafür ist der Verkäufer, der zum wiederholten Male die vereinbarten Umsatzziele verfehlt und nur 70 Prozent erreicht. Solange für ihn »die Marktsituation«, »das neue Produkt« oder »eine ungünstige Kundenstruktur« dafür verantwortlich sind, wird er die Eigenmotivation für echte Anstrengungen kaum aufbringen. Seine Realität ist dann: »Die Umstände sind schuld, ich kann/muss nichts machen.« Die Realität des Vertriebsleiters sieht anders aus: Das Verkaufsverhalten des Betroffenen ist nicht optimal, er selbst kann (und soll) etwas ändern, damit seine Zahlen besser werden. Das Tool »Realitätsanker« bezieht sich auf die hartnäckig-sachliche Kommunikation der Tatsachen, mit der erforderliches Handeln in der Realität verankert wird:

> *»Wir treffen uns heute, um Ihre Quartalsergebnisse zu besprechen und einen Maßnahmenplan für die Aufholjagd zu erarbeiten. Die vereinbarten Ziele sind durch Sie nicht erreicht worden, daher haben wir Handlungsbedarf. Können wir offen darüber sprechen?* [Mitarbeiter nickt]
>
> *Sie liegen zum dritten Mal in Folge bei 70 Prozent der Zielvereinbarung.«* [+ Pause!]

Sucht der Verkäufer darauf die Ursachen in den Umständen *(»Mein Gebiet ist eben besonders schwierig, und auch die allgemeine Wirtschaftslage ist schlecht.«)*, bleibt die Führungskraft konsequent bei den Fakten:

> *»Ihre Kundenstruktur entspricht laut Auswertung der Kundendatei in Kaufkraft und Unternehmensgröße derjenigen Ihrer Kollegen.«* [+ Pause]

Führungskräfte suchen bei Motivationsproblemen oft das Heil in einem wahren Wortschwall, nach dem Motto: »Viel hilft viel.« Dabei gerät die Grundlage jeder echten Motivation (= *Eigen*motivation des Mitarbeiters!) aus dem Blick: die Sachlage, die – einmal durch den Mitarbeiter als Realität akzeptiert – dessen Handeln zwingend macht. Man verzettelt sich auf Nebenschauplätzen und verheddert sich in Ausflüchten und gegenseitigen Schuldzuweisungen. Die Einigung auf Fakten, verbunden mit Wertschätzung, ist der aussichtsreichere Weg. Wertschätzung meint hier nicht »gefühligen Zuckerguss«, sondern den Einsatz des Positiven Loops, also die Unterstellung einer positiven Absicht und die Annahme, dass der andere das Bestmögliche erreichen will (vgl. Kapitel 1):

> *»Ich gehe davon aus, dass Sie selbst auch unzufrieden mit der Situation sind. Lassen Sie uns darüber nachdenken, wie Sie Ihre Ergebnisse verbessern können.«*

Changeprozesse kranken oft daran, dass Führungskräfte vorschnell voraussetzen, die betroffenen Mitarbeiterinnen und Mitarbeiter teilten ihre Interpretation der Realität. Doch philosophisch betrachtet lebt tatsächlich jeder von uns in seiner eigenen Welt, einer Welt, die wir auf der Basis unserer Erfahrungen und Glaubenssätze deuten (vgl. den Exkurs »Konstruktivismus« auf der übernächsten Seite).

Hinzu kommt, dass Führungskräfte sich oft schon über Wochen oder Monate mit anstehenden Herausforderungen beschäftigt und hinter den Kulissen Konzepte entwickelt haben. Sie selbst haben sich also langsam an den Veränderungsprozess herangetastet, die neuen Ziele und Realitäten sind für sie Bodenpunkte und in diesem Sinne ganz klar handlungsleitend. Sie sind daher verwundert, wenn Mitarbeitende, die zum ersten Mal davon hören, nicht sofort mitgehen und die neue Realität nicht als solche akzeptieren können. In der heutigen VUKA-Welt wird das dadurch verschärft, dass laufend neue Realitäten entstehen können und die Revision bisheriger, sicher geglaubter Einschätzungen erfordern. Was gestern noch ein Fakt war, kann morgen durch neue Rahmenbedingungen überholt sein. Die Musikindustrie beispielsweise hat in den letzten Jahren radikale Disruptionen in Form veränderter Konsumentengewohnheiten bewältigen müssen. Und der Volkswagen Konzern hätte sich vermutlich auch nicht träumen lassen, dass eine Umweltbehörde in den USA[1] eines Tages das »Diesel-Gate« und Milliardenklagen gegen einen der weltgrößten Autobauer ins Rollen bringt.

»Nur wenn das Ziel gleichzeitig dazu dient, ein allseits anerkanntes Problem zu lösen, bekommt man die Mitarbeiter hinter ein Ziel«, schreibt Reinhard Sprenger.[2] Sein Hinweis verdeutlicht die Verbindung zwischen dem Tool »Realitätsanker« und dem Werkzeug »Zielprojektion« (vgl. Kapitel 4): Ziele werden erst dann wirksam, wenn sie als Antwort auf ein reales Erfordernis betrachtet werden – wenn die Zielsetzung zur wahrgenommenen Realität passt. Alles andere sind sinnentleerte Zielroutinen ohne praktischen Nutzen, etwa wenn schriftliche Zielvereinbarungen bis zum nächsten Jahresgespräch in der Schublade verschwinden. Auch übergeordnete Fernziele (z. B. »Marktführer werden«) müssen zur wahrgenommenen Realität passen, um entsprechendes Handeln zu aktivieren. Funktionieren im Unternehmen noch nicht einmal Routineprozesse, lösen überhöhte Ambitionen nur Zynismus, bestenfalls Achselzucken aus.

Außerdem entspricht die Berufung auf Fakten und Sachlogik der heutigen Zusammenarbeit in nicht hierarchischen Kontexten: Wenn die Realität Anker für Aktivierung ist, bekommt die Verbindlichkeit von Absprachen (Zielprojektion) einen höheren Stellenwert. Da viele der wirklich relevanten Projekte crossfunktional und nicht hierarchisch bearbeitet werden, müssen sich Problemansprache und Eskalation bei mangelnder Zielerreichung auf die vereinbarte »Realität« beziehen und können sich nicht auf Weisungsbefugnisse berufen. Übrigens – selbst mit Weisungsbefugnis sind Führungskräfte in solchen Fällen arm dran.

Problem »Komfortzone«: Menschen in Bewegung bringen

Führung hat da ihre vorrangige Berechtigung, wo es unterschiedliche Auffassungen gibt. Wenn sich alle einig sind, was zu tun ist, braucht es keine Führung. Im Konfliktfall geht es bei zeitgemäßer Führung aber nicht darum, per Anweisung die Marschrichtung vorzugeben, sondern darum, die Realität so zu vermitteln, dass die Betroffenen bereit sind, *selbst* die erforderlichen Schritte zu planen und dann auch zu gehen.

Konstruktivismus oder: Jeder lebt in seiner Welt

»Der Glaube, es gäbe nur eine Wirklichkeit, ist die gefährlichste aller Selbsttäuschungen«, sagt der Philosoph und Kommunikationswissenschaftler Paul Watzlawick zu Beginn seines Buches »Wie wirklich ist die Wirklichkeit?«.[3] Für Watzlawick als Vertreter des Konstruktivismus ist klar, dass wir keinen direkten Zugriff auf eine wie auch immer geartete »objektive« Realität haben, sondern dass wir die »Wirklichkeit« gefiltert durch unsere Sinnesorgane wahrnehmen und auf der Basis unserer Erfahrungen und im kommunikativen Austausch mit anderen eine »Wirklichkeitsauffassung« entwickeln (»konstruieren«). Die Realität eines Linkenpolitikers ist eine andere als die eines Konzernvorstands, das Weltbild eines konservativen Katholiken überschneidet sich nur teilweise mit dem eines 68er-Veteranen, und manchmal haben Eltern den Eindruck, dass sie und ihre pubertierenden Kinder ebenfalls in unterschiedlichen Welten leben.

Auch ohne tiefer in philosophische Diskussionen einzusteigen, ist es hilfreich, sich die Subjektivität von Realitätsauffassungen im Unternehmensalltag bewusst zu machen. Jeder beurteilt ein aktuelles Geschehen (z. B. die wirtschaftliche Situation des Unternehmens oder die eigenen Verkaufszahlen) ausgehend von dem Ausschnitt der Welt, der ihm bislang zugänglich war, und auf der Basis seiner Vorerfahrungen, Einstellungen und Glaubenshaltungen. Wie auch sonst? Doch wenn gemeinsame Ziele erreicht werden sollen, ist es wichtig, eine gemeinsame Auffassung davon zu entwickeln, was beim zur Debatte stehenden Ausschnitt der Welt »Realität« ist.

Auch der Nobelpreisträger Daniel Kahneman untergräbt mit seinem bekannten Buch »Schnelles Denken, langsames Denken« unsere Vorstellung einer stabilen Realität. Auf über 600 Seiten konfrontiert der Psychologe seine Leser mit gängigen Fehlschlüssen, kognitiven Verzerrungen, unzuverlässigen Heuristiken und unserer Neigung zur Überschätzung unserer eigenen Fähigkeiten. Der Titel des Buches bezieht sich auf Kahnemans Kernthese, unser Gehirn verfüge über zwei kognitive Systeme:

- System 1 (unsere Intuition) arbeitet ohne willentliche Steuerung, automatisch und schnell, ist immer aktiv und weitgehend mühelos.
- System 2 (Ratio / Vernunft) arbeitet bewusst, logisch, berechnend, ist mühsam und erfordert willentlichen Einsatz.[4]

→

Während System 1 immer im Einsatz ist, müssen wir System 2 also bewusst »einschalten«. In vielen Alltagssituationen verlassen wir uns aber auf das bequemere Schnellsystem, das nicht selten falsch liegt, beispielsweise wenn wir eine schwierigere, mühsam zu beantwortende Frage im Geiste durch eine einfache ersetzen, die wir spontan beantworten können.[5]

Da unser Weltbild Ergebnis kognitiver Prozesse ist, verwundert es angesichts solcher Befunde wenig, dass verschiedene Menschen zu verschiedenen Weltbildern gelangen. Eine kognitive Verzerrung, die Kahneman schildert und die jeder von uns im Unternehmensalltag wohl schon erfahren hat, ist die »Fokussierungs-Illusion«, die er in dem Satz zusammenfasst: »Nichts ist so wichtig, wie man glaubt, wenn man darüber nachdenkt.« Anders gesagt: Worauf wir unsere Aufmerksamkeit richten, gewinnt für uns an Bedeutung. Kahnemans Beispiel ist die falsche Hypothese, Menschen in Kalifornien seien wegen des angenehmen Klimas glücklicher als Bewohner anderer Regionen in den USA. Solange man über Klima und Wohlbefinden nachdenkt, scheint das sehr plausibel; befragt man Kalifornier und andere (in diesem Fall: Studenten im Mittleren Westen) unabhängig von Wetterfragen nach ihrer Lebenszufriedenheit, findet man jedoch keinen Unterschied.[6]

Ein Beispiel aus dem Unternehmensalltag: Je intensiver Sie als Führungskraft sich mit neuen Strategien beschäftigen, desto bedeutsamer erscheinen Ihnen diese. Stellen Sie Ihre Überlegungen dann Ihrem Team vor, das gedanklich beim operativen Tagesgeschäft ist, stoßen Sie womöglich auf Achselzucken oder Ablehnung. Wer als Mitarbeiter gerade mit Qualitätsmängeln oder hohem Auftragsvolumen kämpft, kann strategischen Höhenflügen wenig abgewinnen. Diese Wahrnehmungsdiskrepanz ist mitverantwortlich, dass Changeprojekte ins Stocken geraten, wenn Führende sie nicht durch rechtzeitige Einbindung und gute Kommunikation auflösen.

Anders gesagt: Es geht darum, beim anderen das »Sollen« in ein »Wollen« zu verwandeln.

Ich spreche in diesem Zusammenhang vom »postheroischen Zeitalter« der Führung. Wir brauchen keine Helden mehr, die im Alleingang »das Ruder herumreißen« und »das Unternehmen retten«, sondern kommunikationsstarke Führungskräfte, die im Austausch mit anderen die Erfordernisse der Realität einschätzen, diese glaubwürdig vermitteln und eine Selbstverpflichtung der Mitarbeitenden auf daraus abgeleitete Ziele erreichen können. Das ist mal leichter, mal schwieriger. Je größer die Kluft zwischen der Komfortzone des Gegenübers und der handlungsleitenden Realität, desto herausfordernder wird es, das »Wollen« des anderen zu aktivieren.

Die Kompetenzfalle

Ein Modell, das im Trainingskontext sehr häufig zitiert wird und das vermutlich von Noel Burch, dem Mitarbeiter des US-Trainingsinstituts stammt,[7] unterscheidet vier Stufen der Kompetenzentwicklung:

1. Unbewusste Inkompetenz:
Man weiß nicht, dass man etwas nicht weiß oder kann.

⬇

Feedback, Kritik

⬇

2. Bewusste Inkompetenz:
Einem ist bewusst, dass man etwas nicht weiß oder kann.

⬇

Lernen, Übung

⬇

3. Bewusste Kompetenz:
Man weiß, dass man etwas weiß oder kann.

⬇

Gewöhnung, Automatisierung

⬇

4. Unbewusste Kompetenz:
Man beherrscht etwas aus dem Effeff,
ohne sich darauf konzentrieren zu müssen.

Routine und Gewöhnung, die uns mühelos bestimmte Aufgaben erfüllen lassen (= Stufe 4, unbewusste Kompetenz), haben also eine Schattenseite: Wenn sich äußere Bedingungen ändern, ohne dass man dies zur Kenntnis nimmt, befindet man sich rasch wieder auf der Stufe der unbewussten Inkompetenz.

Wir alle haben unsere Komfortzone des Vertrauten, Bewährten und Gewohnten. Innerhalb dieser Zone sind wir sicher, Probleme lösen zu können, und weitgehend angstfrei. Die Komfortzone ist bequem, in der VUKA-Welt aber zugleich ein ziemlich gefährlicher Ort. Ein Unternehmen, das tut, was es schon immer getan hat, und denkt, wie es schon immer gedacht hat, gerät in ernste Schwierigkeiten, wenn sich die äußeren Bedingungen verändern – siehe etwa Nokia, vor gar nicht langer Zeit Weltmarktführer für Handys, heute nahezu in der Bedeutungslosigkeit versunken. Bei Nokia klammerte sich die Geschäftsführung selbst zu lange an die Scheinsicherheit des Bewährten: Man setzte auch dann noch auf die einfachen und preisgünstigen Mobiltelefone, mit denen man groß geworden war, als die Welt schon im iPhone-Fieber war.

In vielen Bereichen der modernen Wirtschaft ist das regelmäßige Überschreiten der Komfortzone heute sozusagen Programm, »Urgency« wird nicht als außergewöhnlich betrachtet, sondern als Normalzustand, an den sich Mitarbeitende und Führungskräfte gewöhnen sollen. Kaum haben sich Prozesse stabilisiert, ändern sich Kundengewohnheiten, droht eine Übernahme, taucht irgendwo auf der Welt Billigkonkurrenz auf, formulieren wichtige Handelspartner neue juristische Vorschriften, erzwingt eine technische Neuerung eine rasche Produktanpassung usw.

Theoretisch sind sich alle darüber einig, dass Flexibilität das Gebot der Stunde ist. Die eigentlich interessante Frage ist jedoch, wie die viel beschworene »Agilität« praktisch umgesetzt wird.[8] Da genügt es nicht, dem Buzzword weitere hinterherzuschicken, wie ein Managementportal es tut: »Agilität steht für iteratives Vorgehen, laterales Führen, interdisziplinäre und crossfunktionale Teamarbeit sowie organisierte Selbstverantwortung«[9].

Dazu braucht es neben neuen Organisationsformen, neuen Methoden des Projektmanagements (»Scrum«, »Kanban«) und einer auf Vertrauen basierenden Unternehmenskultur vor allem die Fähigkeit, die für kurzfristige Abstimmungen und flexible Zusammenarbeit erforderliche Verständigung ganz konkret »sprechen« zu können. Kurze Feedback-Zyklen und regelmäßige Bilanzierungsmeetings (à la Scrum) erfordern eine stetige Verständigung auf sich verändernde Realitäten, ohne in klassische Muster der Schuldzuweisungen und Vorwürfe oder in autoritäre Vorgaben zu verfallen. »Agilität« und Anweisung passen nicht zusammen.

Der Realitätsanker ist ein Leadership-Tool, das eine neutral-druckvolle, aber weder verletzende noch ausweichend-wirkungslose Verständigung auf »das, was ist« ermöglicht. Es ist deswegen ein wichtiges Werkzeug, weil Menschen, die gefordert sind, ihre Komfortzone zu verlassen, vielfach lieber die Realität verzerren, als Neues zu wagen. Reichen die bisherigen Fähigkeiten in einer Situation nicht aus, interpretiert man lieber die Situation um, als sich auf unbekanntes Terrain zu wagen. Ein prominentes Beispiel ist der Nokia-Marketing- und -Vertriebs-Vorstand Anssi Vanjoki, der 2009 mit der These Schlagzeilen machte, das Smartphone sei ein »Nischenprodukt« und das Betriebssystem Android nur ein »Hype«, vor dem der finnische Hersteller keine Angst haben müsse.[10] Solche Verzerrungen stecken auch hinter alltäglichen Behauptungen im Unternehmen wie »Das ist nicht machbar«, »Das bringt nichts«, »So groß ist mein Part ohnehin nicht, da kann ich nichts machen« usw.

Beim Führen durch Realität setzt die Führungskraft auf wertschätzende Konfrontation und baut dem Gegenüber so eine Brücke zum Verlassen seiner Komfortzone (vgl. Abbildung 7). Beispiele für sachliche Darstellungen, die weder in Anschuldigungen abgleiten (»Abwertung«) noch durch falsche Harmonisierung notwendige Erfordernisse leugnen (»Verharmlosung«), sehen Sie in der Tabelle nach der Abbildung. Vielleicht denken Sie kurz darüber nach, wie Sie selbst in Feedback-Situationen formulieren. Sind Ihnen auch schon solche Formulierungen über die Lippen gekommen?

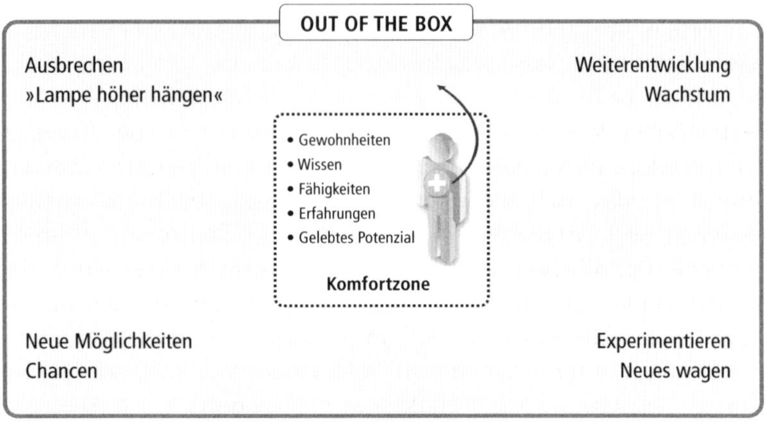

Abb. 7: Wachstum und Neues wagen = außerhalb der Komfortzone

Sachliche Kommunikation der Realität		
Sachliche Konfrontation (neutral-klar)	**Abwertung** (negativ-emotional)	**Verharmlosung** (unscharf-konfliktscheu)
»Der Abgabetermin war der 19.02., jetzt haben wir den 20.03.«	»Wie immer kommt Ihre Vorlage zu spät!«	»Ich weiß ja, es ist viel los. Wann kann ich wohl mit Ihrer Vorlage rechnen?«
»Die Umsatzzahlen betragen im 1. Quartal zwei Millionen.«	»Ihre Umsatzzahlen lassen zu wünschen übrig!«	»Sie wissen ja, Sie sind ein wenig unter Plan beim Umsatz …«
»Das Konzept wurde von Herrn Maier zur Überarbeitung zurückgeschickt.«	»Ein solches Konzept konnte ja bei Herrn Maier niemals durchgehen!«	»Herr Maier ist eben sehr kritisch. Er hat das Konzept zurückgeschickt.«
»Von den Verbandsmitgliedern sind 15 Protestbriefe eingegangen.«	»Mit etwas mehr Sorgfalt hätten Sie diese Protestaktion verhindern können!«	»Wegen dieser Protestbriefe, da sollten Sie vielleicht etwas unternehmen.«
»Der Krankenstand beträgt im Oktober 8,5 Prozent.«	»Die halbe Abteilung fehlt wieder!«	»Mensch, Müller, ist bei Ihnen die Grippewelle ausgebrochen?«

In der Praxis ist es nicht leicht, rein sachlich festzustellen, »was ist« – ohne persönliche Wertungen negativer oder positiver Art. Häufig formulieren wir keine Tatsachen, sondern Urteile. Die Realität neutral zu beschreiben, ist jedoch Grundvoraussetzung jeder öffnenden Konfrontation. Nur so wird verhindert, dass das Gegenüber in der Defensive verharrt oder (bei verharmlosenden Formulierungen) gar keine Notwendigkeit sieht, sich zu bewegen. Wertschätzung wird nicht durch konfliktscheues Wegducken ausgedrückt, sondern durch die positive Unterstellung, dass der andere an einer Lösung des Problems selbst interessiert ist:

> *»Der Abgabetermin war der 19.02., jetzt haben wir den 20.03. Ich gehe davon aus, dass Sie selbst ein Interesse daran haben, Zusagen einzuhalten. Können wir darüber sprechen, wie Sie Vereinbarungen verbindlich handhaben?«*

Indem die Führende hartnäckig bei belegten Fakten bleibt, motiviert sie das Gegenüber, sich ebenfalls der Realität zu stellen, statt ihr auszuweichen. Auch Sachlichkeit schafft eine Resonanz, der sich der andere auf Dauer nur schwer entziehen kann.

Es gibt zwei Grundsituationen, in denen Mitarbeiter qua öffnender Konfrontation zum Verlassen ihrer Komfortzone veranlasst werden sollen: In der einen bleibt das Verhalten des Mitarbeiters hinter den Erfordernissen der unstrittigen oder bereits als verbindlich geltenden Realität zurück. Diese Negativdiskrepanz bezeichne ich als »Delta Minus«. In der anderen erfordert die Realität den Aufbruch zu neuen Ufern, eine Weiterentwicklung der Handlungsmöglichkeiten. Diese Positivdiskrepanz bezeichne ich als »Delta Plus«. Abbildung 8 verdeutlicht diesen grundlegenden Zusammenhang von Komfortzone, Realität und Handlungsimpulsen. Sowohl bei einem erfolgreichen »Delta Plus« als auch bei einem zunächst als schmerzlich erlebten »Delta Minus« findet beim Betroffenen ein emotionaler Prozess statt. Das Verlassen der Komfortzone muss durch einen Willensakt, durch eine eigenverantwortliche Entscheidung erfolgen, wenn die Veränderung tatsächlich nachhaltig sein soll. Diesen emotionalen Prozess zu ermöglichen und zu unterstützen, erfordert von Führungskräften das konsequente Verdeutlichen der Realität in Verbindung mit vorbildlich gelebter Wertschätzung.

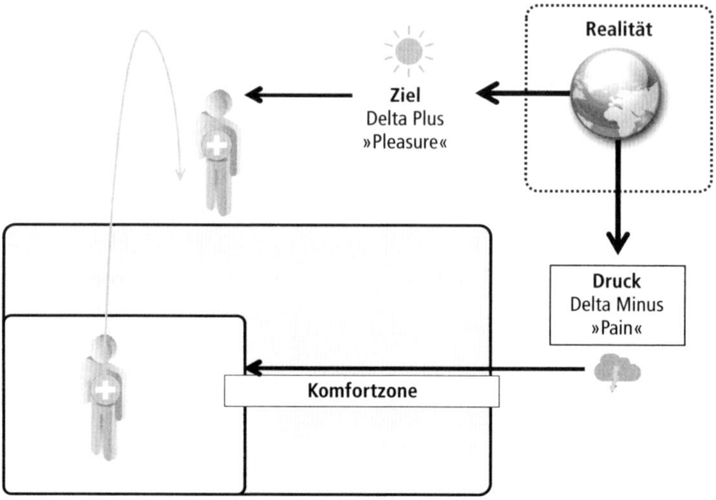

Abb. 8: Die Realität als Anker für Veränderung

Tatsachenorientierte Führung setzt auf echte Selbstverpflichtung statt auf Anweisungen, die in der vagen Hoffnung gründen, das Gegenüber werde schon »einsehen«, was nötig ist. Der Realitätsanker bewährt sich auch, wenn neue Ziele anzugehen sind (»Delta plus«). Soll beispielsweise ein Leistungsträger eine neue Aufgabe übernehmen, könnte das so formuliert werden:

> *»Ich möchte heute gerne mit Ihnen über ein sehr spannendes Projekt sprechen, das für Sie interessante Entwicklungen eröffnen könnte. Die Relevanz für unsere Firma ist hoch, wir sollten also sehr offen und direkt alle Pros und Kontras miteinander besprechen. Können wir das so angehen?*
>
> *In den letzten sechs Monaten haben Sie eine Menge sehr schwierige Aufgaben ausgezeichnet bearbeitet* (Beispiele ...). *Die aktuelle Fragestellung hat nun damit zu tun. Es geht um Folgendes ...* (»Delta Plus« beschreiben). *Wie sehen Sie die Situation?«*

Auch hier wird die Realität zum Treiber des Geschehens, nicht etwa die Führungskraft. An die Stelle von Vorgaben der Führungskraft tritt die *Zielprojektion*, die in Kapitel 4 ausführlich beschrieben wird: Die Mitarbeiterin oder der Mitarbeiter selbst kreiert die Zielvorstel-

Realität verfehlt (»Delta Minus«) – ein Beispiel aus dem Arbeitsalltag

Stellen Sie sich vor, mit einer Mitarbeiterin wurde im Halbjahresgespräch das Ziel »Kundenreaktivierung« vereinbart, konkret: Ansprache von und Nachfassen bei zehn Kunden pro Monat. Die Mitarbeiterin hat diese Aufgabe nur unzulänglich bearbeitet und nach sechs Monaten insgesamt nur fünf Kunden angesprochen. Die Mitarbeiterin begründet das so:

> *»So wie ich Sie verstanden habe, soll ich versuchen, immer wieder Kunden anzusprechen und dafür sorgen, dass wir Kunden wiedergewinnen. Ich habe ja schon mal gesagt, dass es schwierig ist, das im Tagesgeschäft umzusetzen. Wenn wir so viel zu tun haben, können Sie nicht wirklich verlangen, dass wir all diese Aufgaben auch noch zusätzlich erledigen.«*

Wie würden Sie das interpretieren? Die Mitarbeiterin sieht die Kundenreaktivierung offenbar nicht als verpflichtendes Ziel, sondern vielmehr als Option, die sie dann »versucht« umzusetzen, wenn sich die Gelegenheit dazu ergibt. Auch deutet ihr Statement darauf hin, dass sie die unternehmerische Notwendigkeit der Aktion nicht verinnerlicht hat, sondern das Ganze eher als fragwürdige Zusatzaufgabe betrachtet. Wie könnte Ihre Antwort lauten, damit die Mitarbeiterin die Dringlichkeit der Aktion selbst erkennt und mit mehr Verve umsetzt?

Eine Möglichkeit:

> *»In der Tat ist es nicht ganz leicht, Tagesgeschäft und Ziele parallel zu bearbeiten.* (Bestätigung, vgl. Kapitel 1)
> *Wenn ich noch einmal auf unsere Zielvereinbarung vom Dezember letzten Jahres schaue, ist Ihre Aufgabenstellung, pro Monat je eine Aktion mit 10 Kunden durchzuführen, eine Response von mindestens 20 Prozent zu erreichen und die ganze Aktion planvoll und nicht nach dem Zufallsprinzip durchzuführen.* (Realitätsanker)
> *Sie wissen, dass diese Aufgabe für unsere unternehmerische Entwicklung absolut notwendig ist, und wir hatten sie damals im Sinne einer klaren Zielsetzung als Bodenpunkt vereinbart.«* (Realitätsanker)

In dieser Aussage kommt zum Ausdruck, dass die Aufgabe sich aus der unternehmerischen Realität notwendig ergibt. Der »Druck«, der auf die Mitarbeiterin ausgeübt wird, wurzelt nicht in persönlichen Vorwürfen, sondern in der Macht des Faktischen. Beim Realitätsanker kommt es auf Klarheit und Unmissverständ-

→

lichkeit an. Dabei bewährt es sich, eindeutige Vokabeln zu prägen, in diesem Fall beispielsweise den Begriff »Bodenpunkt« für wichtige, unstrittige Sachverhalte. Ich selber spreche auch von »Ankerpunkten«.

Eine ungünstige Formulierung, die Druck auf der persönlichen Ebene und damit ziemlich sicher Gegendruck erzeugen würde, wäre dagegen:

> *»Ich habe Ihnen doch damals schon gesagt, wie wichtig es ist, dass wir diese Dinge jetzt vorantreiben! Ich kann gar nicht verstehen, dass Sie sich da nicht mehr zusammenreißen und das Thema einfach so angehen, wie das zwischen uns besprochen wurde.«* (Abwertung)

Führungskräfte haben die Aufgabe, die Realität so nachdrücklich und überzeugend zu vermitteln, dass sich daraus eine nachhaltige Motivation des Mitarbeiters ergibt. Im Zweifelsfall ist es besser, sich so lange an unterschiedlichen Wirklichkeitsauffassungen abzuarbeiten, bis der für das Überschreiten der eigenen Komfortzone notwendige emotionale Prozess durchlaufen und die Dringlichkeit des eigenen Handelns »out of the box« verstanden ist, als durch schnelle und halbherzige Zustimmung Pyrrhussiege davonzutragen.

lung, aus der dann die notwendigen Umsetzungsschritte abgeleitet werden.

Wirksame Gesprächstechniken

Wollte man die Techniken beim Realitätsanker in drei Worten zusammenfassen, so wäre dies: »Sagen, was ist.« Im Einzelnen bewähren sich dabei folgende Ansätze:

Kommunikation der Realität

Gemeint ist hier die sachliche Feststellung von Fakten ohne persönliche emotionale Wertung. Beispiele:

> *»Wir haben dem Kunden den Termin zugesagt.«* [+ Pause]
> *»Die Verzögerung kostet die Firma 200 000 Euro.«* [+ Pause]

»Die Bearbeitungsdauer pro Vorgang liegt bei 11,5 Stunden.« [+ Pause]
»Mir liegen drei Beschwerden von Kollegen vor. Die von Ihnen weitergeleiteten Antragsformulare wiesen Fehler bei der Beitragsberechnung auf.« [+Pause]
»Ich habe wahrgenommen, dass Sie in den vergangenen Wochen unrasiert und in Freizeitkleidung zum Dienst erschienen sind.« [+ Pause]

Neutrale Tatsachenfeststellungen fallen den meisten Menschen erstaunlich schwer – zu sehr haben wir uns daran gewöhnt, Urteile abzugeben, vielfach auch als Ventil für eigene Emotionen wie Ärger oder Empörung. Das ist verständlich, aber souverän ist es nicht. Der Sache dient es ebenfalls nicht, weil aus einer gestörten Beziehung heraus nur schwer nachhaltige Lösungen erzielt werden. Damit Tatsachen wirken können, bewähren sich Pausen. Dass auch rechtzeitig zu schweigen eine wirkungsvolle Strategie ist, übersehen viele Führungskräfte. Mehr dazu im nächsten Abschnitt (»Die unterschätzte Macht der Pause«).

Bezugnahme auf Bodenpunkte

Erhöhen Sie die Verbindlichkeit von Absprachen, indem Sie eindeutige Begriffe prägen:

»Das ist also verbindlich gesetzt.«
»Legen Sie los, ich freue mich auf die Ergebnisse. Und der 10. Mai ist wie besprochen Ankerpunkt für die Abgabe.«
»Also sind drei Neukunden pro Quartal als Bodenpunkt vereinbart.«

Welche Worte Sie für Ihren Arbeitskontext auch immer wählen – am Ende des Gesprächs sollte eindeutig sein, welche verbindlichen Eckdaten das Gesprächsergebnis enthält, weil es in Ihrem Umfeld dafür klare Begriffe gibt. So können Sie später auf diesen Punkt zurückkommen:

»Wir hatten den 10. Mai als Ankerpunkt für die Abgabe fest vereinbart.«
»Drei Neukunden pro Quartal waren laut Zielvereinbarung Bodenpunkt.«

Unausweichlichkeit aufzeigen

Auch hier geht es um die sachliche Kommunikation der Realität, mit dem eindeutigen Hinweis auf die Folgen der aktuellen Situation:

»*Wenn wir weiterhin in der Akquise von Neukunden zwei statt wie geplant acht Termine pro Woche machen, bleibt der Umsatz auf dem derzeitigen Niveau. Sehr wahrscheinlich wird er sogar sinken. Damit können wir die Modernisierung unserer Anlagen nicht finanzieren. Und ohne Modernisierung werden wir vom Markt verschwinden.*« [+ Pause]

»*Wenn wir den Termin nicht einhalten, verlieren wir voraussichtlich den Kunden. Das bedeutet circa 13 Prozent weniger Umsatz. Damit rutschen wir in die Verlustzone.*« [+ Pause]

»*Ihr Verhalten hat im letzten Monat zu drei schriftlichen Kundenbeschwerden geführt. Wenn sich dies wiederholt, werde ich Sie abmahnen. Da dies nicht Ihre erste Abmahnung ist, wäre die Konsequenz eine Kündigung.*« [+ Pause]

Seien Sie gewiss: Ruhiger Klartext wirkt stärker als emotionale Auftritte. Formulieren Sie unmissverständlich, gehen Sie nicht davon aus, der andere werde schon wissen, was die Stunde geschlagen habe. Wie oben schon gesagt: Jeder lebt in seiner Welt. Vage Andeutungen (»Dann sieht es düster aus«) programmieren Missverständnisse vor.

Handlungsbedarf feststellen

Eine simple, aber sehr hilfreiche Formulierung lautet: »Da haben wir Handlungsbedarf.« Sie zielt darauf, das Gegenüber in Bewegung zu bringen, ohne es durch Richtungsvorgaben einzuengen.

»*Der Quartalsumsatz Ihrer Abteilung ist jetzt zum dritten Mal in Folge gesunken. Es besteht Handlungsbedarf.*«

»*Die von Ihnen programmierte Software stürzt beinahe täglich ab. Unsere Firma ist nicht handlungsfähig. Der Handlungsdruck ist sehr hoch.*«

»*Ich habe hier die aktuellen Kataloge der Konkurrenz. Die bietet das XY-System 10 bis 15 Prozent günstiger an als wir. Da haben wir Handlungsbedarf.*«

Damit ist der andere gefordert, sich der Realität zu stellen und Lösungen zu formulieren. Dass eigene Vorschläge eine weit höhere Chance auf Umsetzung haben als fremde, ist Ihnen sicher bekannt.

Öffnende Konfrontation (Wertschätzung und Delta Minus)

Auch bei aus Ihrer Sicht bestehenden Verhaltensmängeln und Versäumnissen ist es zielführend, seinem Gegenüber eine grundsätzlich positive Absicht zu unterstellen. Wie Sie dies im Gespräch umsetzen, haben Sie bereits im ersten Kapitel gelesen (»Positiver Loop«). Salopp gesagt: Der andere wird sich eher bewegen, wenn Sie ihm nicht das Gefühl geben, er sei ein Idiot. Gesprächsbeispiele:

»Bis letzten Sommer waren Sie Top-Performer im Team und sehr geschätzt von allen Kunden. Mit Ihrer Erfahrung wissen Sie genau, was zu tun ist und wie in schwierigen Situationen vorzugehen ist. Beim Kunden haben Sie durch eine ironische Bemerkung über unsere Firma eskaliert, im Team die Strategie infrage gestellt.«

»Der Krankenstand in Ihrer Abteilung beträgt konstant 8,5 Prozent. Das ist fast doppelt so viel wie im Unternehmensdurchschnitt.

[Mitarbeiter: *»Wir stemmen eben auch besonders viele Projekte.«*]

»Ich schätze Ihre innovativen Produktideen und Ihren hohen Einsatz sehr und gehe davon aus, dass Sie auch in Sachen Führung das Bestmögliche anstreben.«

Beim Realitätsanker geht es also darum, selbst eine sachliche, an Fakten und realen Erfordernissen orientierte Haltung einzunehmen und konsequent durchzuhalten – und auf diese Weise auch beim Gegenüber qua Resonanz Offenheit für Fakten zu erzeugen.

Die unterschätzte Macht der Pause

»Versuchen Sie nicht, Menschen mit vielen Worten zu beeindrucken. Je mehr Sie reden, desto durchschnittlicher und machtloser wirken Sie«, schreibt Robert Greene in seinem Buch »Power«.[11] Auch wenn ich Greenes machiavellistischen Grundansatz nicht teile, trifft diese Warnung ins Schwarze. Gerade in schwierigen Gesprächssituationen neigen manche Menschen dazu, auf das Gegenüber einzureden. Doch je mehr Argumente sie in rascher Folge aufhäufen, desto weniger Gewicht verleihen sie dem einzelnen Statement. Sie verschießen ihr ganzes Pulver auf einmal. Klüger sind bewusst gesetzte Pausen. Diese haben im Gespräch eine Reihe von Funktionen:

- Eine Gesprächspause unterstreicht die Bedeutung des zuvor Gesagten (siehe auch die Redewendung des »bedeutungsvollen Schweigens«);
- eine Pause verschafft Ihnen die Aufmerksamkeit des Gegenübers (dessen Gedanken umso eher abschweifen, je länger Sie monologisieren);
- eine Pause gibt dem anderen Gelegenheit, das Gehörte zu verarbeiten und seine Gedanken zu ordnen;
- mit einer Pause erteilen Sie dem anderen das Wort (linguistisch betrachtet ist die Pause auch ein Signal für den Sprecherwechsel);
- mit einer Pause veranlassen Sie Ihr Gegenüber, auf das Gesagte zu reagieren (und das schon deshalb, weil den meisten Menschen längere Gesprächspausen unangenehm sind).

Wenn Führung heute »aktivierende« und nicht länger »anweisende« Führung sein soll, ist die Fähigkeit, Gespräche bewusst durch Pausen zu strukturieren, relevanter denn je. Die Gesprächspause ist sozusagen ein Aktivierungsinstrument. Beim Realitätsanker spielt sie eine besonders wichtige Rolle, weil Sie Ihr Gegenüber durch Schweigen im richtigen Moment dazu veranlassen, explizit zu den Fakten Stellung zu nehmen. Nur so können Sie sich mit einem Mitarbeiter oder Kollegen auf einen gemeinsamen Status quo einigen, aus dem dann bestimmte Maßnahmen und Ziele abgeleitet werden.

Aus diesem Grund ist »Der Krankenstand in Ihrer Abteilung beträgt 8,5 Prozent« [+ Pause] zu Gesprächsbeginn weit wirkungsvoller und klüger als eine Suada nach dem Muster: »Der Krankenstand in Ihrer Abteilung beträgt 8,5 Prozent. Das sind 4 Prozent mehr als in den anderen Abteilungen. Sie werden verstehen, dass mir das Sorgen macht, und das nicht nur aus Kostengründen. Ich weiß nicht, was in Ihrer Abteilung los ist, aber so kann es nicht weitergehen. Sonst haben wir bald die ersten Eigenkündigungen. Also: Was meinen Sie dazu?« Mit einer solchen Gardinenpredigt erzeugen Sie ein hierarchisches Gefälle, gegen das sich Ihr Gegenüber instinktiv zur Wehr setzt. Sie gleiten fast unweigerlich in abwertende Formulierungen ab und verlagern das Gespräch auf eine negativ-emotionale Ebene. Und während Sie reden und reden, feilt der andere sehr wahrscheinlich bereits an seiner Verteidigung und hört Ihnen immer weniger zu.

Wenn Sie Menschen in Bewegung bringen möchten, ohne sie durch Anweisungen vor sich her zu treiben, müssen Sie ihnen den Raum geben, sich selbst zu bewegen. Außer durch Gesprächspausen erreichen Sie dies durch eine Verringerung Ihrer eigenen Redeanteile. Es ist ein Trugschluss, die eigene Wirksamkeit daran zu messen, wie sehr man ein Gespräch durch Selberreden dominiert hat. Das funktioniert nicht einmal in Fernseh-Talkshows. Nachhaltige Ergebnisse erzielen Sie durch einen echten Austausch, an dessen Ende ein ernst gemeintes Ja des anderen steht, nicht dadurch, dass Sie Ihr Gegenüber durch einen Wortschwall überwältigen. Faustregel: Wenn mehr als 60 Prozent der Redezeit auf Ihr eigenes Konto geht, sinkt Ihr Einfluss rapide. Wer selbst redet, erfährt nichts. Hinzu kommt: Wer viel redet, büßt fast immer an Klarheit ein – und die ist gerade beim Realitätsanker gefragt. Wer ein Gespräch an sich reißt, markiert damit zudem ein hierarchisches Gefälle, das fast unweigerlich Widerwillen und häufig auch Widerstand hervorruft. Und schließlich: Einflussreiche Menschen quasseln nicht – siehe oben!

PRAXISBEISPIEL: Eine zuarbeitende Abteilung gefährdet Ihr Projektziel – was tun als Projektleiter ohne Weisungsbefugnis?

Abschließend wieder ein Gesprächsbeispiel, an dem Sie die Wirkungsweise des Leadership-Tools »Realitätsanker« und der bisher erläuterten Gesprächstechniken noch einmal im Zusammenhang ablesen können – dieses Mal anhand eines Projektbeispiels, in dem der Rückgriff auf die Hierarchie keine Alternative darstellt. Erläuterungen in der rechten Spalte, die auf zukünftige Kapitel verweisen, sind wieder etwas blasser gedruckt und können vorerst übersprungen werden.

Die Ausgangssituation

Sie sind Projektleiter und verantwortlich für die Umsetzung eines komplexen und abteilungsübergreifenden Projektes im Bereich Social Media. Sie haben immer wieder mit einer zuliefernden Abteilung Schwierigkeiten, da diese die Timelines nicht einhält und so das Projektziel immer wieder gefährdet. Aktuell wurden Sie mit der Tatsache konfrontiert, dass die Ressourcen (zwei Personen) nun für zwei Monate auf ein anderes Projekt abgezogen wurden.

Ihre Zielsetzung

Sie möchten erreichen, dass der Kollege die Entscheidung zur Ressourcenverlagerung revidiert und dafür sorgt, dass die Timeline eingehalten und damit der Projekterfolg sichergestellt wird. (»PL« steht im folgenden Beispiel für den Projektleiter, »KL« für Kollege.)

PL: *»Herr Kollege, ich habe Ihre Mail zum Social-Media-Projekt erhalten. Ich möchte mit Ihnen über die Auswirkung dieser Entscheidung und Lösungsmöglichkeiten sprechen – haben Sie Zeit?«*	Situationsdefinition ▶ Kapitel 6 (Überschrift des Gesprächs formulieren)
KL: *»Da gibt es eigentlich nicht viel zu besprechen. Momentan hat der Launch unseres neuen Produkts leider absoluten Vorrang. Meine Mitarbeiter stehen daher erst wieder ab Januar zur Verfügung.«*	
PL: *»Gerade deshalb habe ich Sie ja zu einem Gespräch gebeten.«* [Pause]	Situationsdefinition ▶ Kapitel 6 (Bekräftigung)
KL: *»Okay – wenn Sie meinen …«*	
PL: *»Das Social-Media-Projekt ist im Moment in einer sehr entscheidenden Phase. Ihre IT-Experten haben trotz einiger zeitlicher Verzögerungen insgesamt sehr gute Arbeit geleistet. Kritisch finde ich: Ihre Ressourcen sind bei diesem Projekt verbindlich eingeplant, Ihre Entscheidung ist ohne Abstim-*	Realitätsanker (Kommunikation der Realität: positiv einsteigen, kritische Punkte klar benennen)

mung erfolgt und – das Schwierigste: Durch den Abzug der beiden wird das Social-Media-Projekt nicht termingerecht fertig. Deadline ist der 30.11.«

KL: *»Da kann ich nichts machen. Wie gesagt, der Produkt-Launch geht vor.«*

PL: *»Wir hatten zu Projektbeginn verbindlich festgelegt, dass zwei Ihrer Mitarbeiter mit 60 Prozent ihrer Arbeitszeit zur Verfügung stehen. Ebenso wurde der 30.11. als Bodenpunkt für die Fertigstellung nach Rücksprache mit Ihnen und Ihrem Team festgelegt.«*

Realitätsanker (Bezugnahme auf »Bodenpunkte«)

KL: *»Was soll ich denn tun?! Wir können uns schließlich nicht zweiteilen.«*

PL: *»Ich sehe, dass Ihre Situation nicht einfach ist.*

Positiver Loop ▶ Kapitel 1 (Bestätigung)

Ihre Entscheidung für den Produkt-Launch und damit für die Verlagerung der Ressourcen verhindert die Einhaltung unseres Termins beim Social-Media-Projekt.«

Driver's Seat ▶ Kapitel 2 (Wahl aufzeigen)
Realitätsanker (Bezugnahme auf Bodenpunkt)

KL: *»Das hat sich alles erst sehr kurzfristig ergeben. Mir wäre es auch lieber, wir hätten alles laufen lassen können wie besprochen. Aber auf den Launch-Termin habe ich keinen Einfluss. Das müssen Sie doch einsehen!«*

PL: *»Bei der Vorstandssitzung am 4.12. erwartet man unsere Projektpräsentation, unsere Social-Media-Kompetenz ist auf sehr hoher Priorität beim Vorstand, weil wir bei diesem Thema im Wettbewerb bislang nicht gut dastehen.*

Realitätsanker (Unausweichlichkeit aufzeigen)

Im Übrigen gehe ich davon aus, dass Sie die hohe Priorität auch so sehen. Diesen Termin platzen zu lassen, wäre für alle kein gutes Signal.« [Pause]

Überzeugungssog/Einwandbehandlung ▶ Kapitel 5 (Bestätigung + Argument + Pause)

KL: *»Mir ist das schon klar, aber ich kann nichts machen.«*

PL: *»Wenn Sie das so sehen, dann muss ich das auch so kommunizieren.*

Dann müsste ich dem Vorstand mit dem Hinweis absagen, dass die IT die erforderlichen Kapazitäten nicht bereitgestellt hat.«

Realitätsanker (Unausweichlichkeit aufzeigen + Kommunikation der Realität)

KL: *»Wird das Social-Media-Projekt tatsächlich so hoch gehängt, dass ich anderswo Löcher aufreißen soll?«*

PL: *»Unser Termin steht seit sechs Monaten und ist absolut verbindlich.*

Realitätsanker (Komm. der Realität)

Was für Möglichkeiten sehen Sie?«

Driver's Seat ▶ Kapitel 2 (Vorschläge erfragen)

KL: *»Allenfalls kann ich Ihnen einen der beiden Kollegen von uns intern da lassen. Den Kollegen könnte ein freier Mitarbeiter aus unserem Pool unterstützen.«*

PL: *»Das Social-Media-Projekt ist als vertraulich eingestuft.«* [+ Pause]

Realitätsanker (Komm. der Realität)

KL: *»Mist. Dann müssten es also weiter zwei Kollegen von uns intern sein.«*

PL: [Pause]

KL: [Pause]

PL: *»Was ist Ihr Vorschlag, was heißt das jetzt abschließend für Sie?«*

Driver's Seat, ▶ Kapitel 2 (Vorschläge erfragen + Commitment absichern)

KL: *»Ab nächster Woche übernehmen Herr X und Frau Y wieder das Social-Media-Projekt. Für den Produkt-Launch muss ich eine andere Lösung finden.«*

PL: *»Das heißt, die zwei Kollegen bleiben im Projekt, der Termin 30.11. steht?«*

Driver's Seat
▶ Kapitel 2
(Commitment absichern)

KL: *»Ja. Abgemacht!«*

PL: *»Ich danke Ihnen und freue mich, dass das Projekt termingerecht durchgezogen werden kann!«*

Driver's Seat
(Dank und Motivation)

Dem hartnäckigen Hinweis des Projektleiters auf Fakten und Folgen ist es zu verdanken, dass sich sein Kollege schließlich bewegt. Der Projektleiter vermeidet Abwertungen wie pauschale Vorwürfe (»Wie immer kann man sich auf die IT nicht verlassen!«). Auch das erleichtert es dem Kollegen, einzulenken. Außerdem sehen Sie im Beispieldialog, wie die verschiedenen Leadership-Tools zusammenspielen und neben dem Realitätsanker auch »Positiver Loop« und »Driver's Seat« zum Einsatz kommen.

Im Firmenalltag wird bei solchen Konflikten häufig die Hierarchie eingeschaltet: Der Projektleiter beschwert sich bei seinem Vorgesetzten, der dann den Vorgesetzten des säumigen Kollegen informiert, der wiederum seinen Mitarbeiter anspricht. In der Regel beschert einem das Scheinlösungen – faule Kompromisse, belastete Beziehungen und die unvermeidliche Retourkutsche des Kollegen bei nächster Gelegenheit. Setzen Sie das Realitätsprinzip an die Stelle des Hierarchieprinzips, wenn Sie nachhaltige Lösungen erzielen wollen. Indem Sie selbst inhaltlich klar und hartnäckig sachbezogen auftreten sowie den Fokus auf Aktivitäten lenken, die sich aus einer unstrittigen Realität ergeben, wecken Sie am ehesten entsprechende Resonanz bei Ihrem Gegenüber.

Auf einen Blick: REALITÄTSANKER

Definition (Worum es bei dem Tool geht)	• Die Realität führt, nicht die Führungskraft. Ziele und Absprachen werden unmittelbar aus der betrieblichen und unternehmerischen Realität abgeleitet.
Verhalten (Gesprächstechniken und Beispiele)	• Kommunikation der Realität *»Die Verzögerung kostet die Firma 200 000 Euro.«* [+ Pause] • Bezugnahme auf Bodenpunkte *»Also sind drei Neukunden pro Quartal als Bodenpunkt vereinbart.«* • Unausweichlichkeit aufzeigen *»Wenn wir den Termin nicht einhalten, verlieren wir voraussichtlich den Kunden. Das bedeutet circa 13 Prozent weniger Umsatz. Damit rutschen wir in die Verlustzone.«* [+ Pause] • Handlungsbedarf feststellen *»Der Quartalsumsatz Ihrer Abteilung ist jetzt zum dritten Mal in Folge gesunken. Es besteht Handlungsbedarf.«* • Öffnende Konfrontation *»Bis letzten Sommer waren Sie Top-Performer im Team und sehr geschätzt von allen Kunden. Mit Ihrer Erfahrung wissen Sie genau, was zu tun ist und wie in schwierigen Situationen vorzugehen ist. Beim Kunden haben Sie durch eine ironische Bemerkung über unsere Firma eskaliert, im Team die Strategie infrage gestellt.«*
Mindset (Mit welcher Einstellung Sie dieses Tool aktivieren)	• Ich nutze die Realität zur Aktivierung des anderen. Durch Konzentration auf das, was ist, aktiviere ich eine sachliche Haltung beim Gegenüber.

- Das Verlassen der Komfortzone ist ein emotionaler Prozess, der vom Betroffenen selbst vollzogen werden muss – Veränderung geht nur von innen.
- Bodenpunkte sind wirksamer als Anweisungen. Ich nehme mir daher die Zeit, den emotionalen Prozess des Mitarbeiters zur Klärung und Implementierung der Bodenpunkte zu unterstützen.

Resonanz (Ihr Gegenüber wird …)	**klar – sachbezogen – aktiv**

➔ Erfolgsformel
REALITÄT AKTIVIERT!

4. DIREKTIV SEIN OHNE DIREKTIVEN: ZIELPROJEKTION

Zielprojektion bedeutet:

Eine Aufgabe oder ein Ziel wird mit hoher Klarheit und Erfolgszuversicht visualisiert. Aus der konkret vergegenwärtigten, emotional positiv besetzten Zielerreichung werden anschließend konkrete Umsetzungsschritte abgeleitet.

Einsatzmöglichkeiten:

Vereinbarung komplexer / vernetzter / wichtiger Ziele, im Projektalltag, bei Verhandlungen und allen Kommunikationssituationen.

Ihr Nutzen:

- Sie erzielen echtes Ziel-Commitment und eine höhere Umsetzungsbereitschaft beim Gegenüber.
- Sie erkennen, welche Ziele realistisch sind und welche Meilensteine auf dem Weg zum Ziel erreicht werden sollten.
- Sie verwirklichen eigene Ziele erfolgreicher, da Sie fokussierter und konzentrierter führen.
- Sie lernen eine Form der Kommunikation kennen, welche das Dilemma von Vorgabe und Vereinbarung konstruktiv auflöst.

»Wenn man das Ziel nicht kennt,
ist kein Weg der richtige.«
KORAN

Auch die VUKA-Welt braucht Ziele

Wer heute im Unternehmenskontext über Ziele redet, gilt schnell als gestrig. Für »verlässliche« Zielformulierungen sei das Umfeld längst viel zu dynamisch, schreibt beispielsweise der Wirtschaftswissenschaftler Wolfgang Vieweg in einem Bändchen »Für agile Manager« und behauptet: »Man weiß eigentlich nicht mehr, wo man sinnvollerweise die Zielscheibe hinhängen soll, so wie das Militär nicht mehr genau weiß, wo der Feind sich gerade befindet.«[1] Ähnlich argumentiert eine Berliner Unternehmensberatung: »Da wir mittlerweile in einer VUCA Welt leben, ist ein klares Ziel schnell überholt (...). Umwelt und Rahmenbedingungen ändern sich heute so schnell, dass es schlichtweg keinen Sinn macht, ein Ziel zu definieren.«[2]

Mit Verlaub: Das ist Unsinn. Dann müsste man auch einem Kapitän empfehlen, auf hoher See den Kompass über Bord zu werfen, weil der im schweren Sturm ja ohnehin nutzlos sei. Handeln ohne Ziel ist blinder Aktionismus. Sinnvolles Handeln ist ohne Ziele nicht vorstellbar; erst recht dann nicht, wenn wie im Unternehmen eine größere Zahl von Individuen ihr Handeln koordinieren muss, um gemeinsam etwas zu bewegen. Wie soll das ohne verbindende Ziele gelingen?

Bei der modischen Zielkritik wird erstaunlich selten präzisiert, über was für »Ziele« man eigentlich spricht. Mal ist von »Visionen« die Rede, dann wieder von »Budgets«. Gern arbeitet man sich auch an festen Zahlen- und Umsatzzielen ab und beschwört die verknöcherte Starrheit einer realitätsfernen Zielvereinbarungsmaschinerie herauf, die vom Topmanagement angestoßen wird und dann kaskadenartig durch das Unternehmen rollt, dabei Manager und Mitarbeitende auf allen Ebenen sinnlos Zeit kostet und den Blick auf den Markt und die Kundenbedürfnisse verstellt. Diese Praxis hat Niels Pfläging unter der Überschrift »Führen mit flexiblen Zielen« schon 2006 kritisiert, wobei

Pfläging wohlgemerkt von »flexiblen« Zielen sprach und nicht etwa von der Abschaffung jeglicher Ziele.[3]

»Ziel« ist ein schillernder Begriff, der das Arbeitspensum eines einzigen Tages ebenso bezeichnen kann wie strategische Fernziele eines global agierenden Konzerns, knallharte Zahlenziele im Verkauf ebenso wie private Zukunftsträume von Familie, Besitz oder Weltreise. Im Kontext dieses Buches geht es um Ziele als Instrument der Führung wie Selbstführung. In diesem Sinne wurden sie übrigens auch von Peter Drucker verstanden, der gemeinhin als Urheber des Führens mit Zielen gilt und diese unter der Überschrift »Management by Objectives and Self-Control« präsentierte.[4] Dass Ziele in der Praxis später häufig auf die vermeintliche Objektivität von Zahlenzielen verengt und als Bestandteil von Gehaltsverhandlungen auf beiden Seiten taktischen Überlegungen unterworfen wurden, dafür kann Drucker nichts. Intendiert waren Ziele im Kontext des MbO-Ansatzes als Instrument eines Führungsverständnisses, das auf autoritäre Gängelung verzichtet und eigenverantwortliches Handeln in der Ausrichtung auf ein zuvor vereinbartes Endergebnis ermöglichen sollte. Und genau in diesem Sinne sind Ziele unverzichtbar für eine Führungskultur, die das Ende der Anweisung erkannt hat.

Es versteht sich von selbst, dass Ziele rechtzeitig justiert werden müssen, wenn äußere Bedingungen sich ändern. Doch Ziele für obsolet zu erklären, weil Bedingungen sich ändern können, heißt, das Kind mit dem Bade auszuschütten. Dabei ist die heutige Praxis des Führens mit Zielen durchaus verbesserungswürdig, wie schon der Praxistest zeigt: Wie ist es sonst zu erklären, dass einer Studie zufolge nur 27 Prozent der Mitarbeiter und 51 Prozent der Führungskräfte sagen konnten, welche Ziele sie zu Jahresbeginn vereinbart hatten?[5] Und warum werden in Unternehmen regelmäßig Deadlines gesprengt, Projekte in den Sand gesetzt und viele Vorhaben nicht oder nur teilweise umgesetzt? Der Kern des Problems ist eine weit verbreitete Illusion darüber, wie Ziele funktionieren: Ein Ziel nur zu benennen, bewirkt in vielen Fällen – gar nichts! Und das gilt auch, wenn Ihr Gegenüber das genannte Vorhaben pflichtbewusst abnickt.

Nehmen Sie als Beispiel die Bereichsleiter eines Konzerns, der sich mitten in einem umfassenden Changeprozess befindet. Die zugehörigen Maßnah-

Heute ist alles anders? Ziele und die Generation Y

Über die »Millennials«, die seit der Jahrtausendwende ins Berufsleben eintreten, ist in Organisationen viel diskutiert worden. Man spricht auch von der »Generation Why« (kurz: Y), die angeblich alles infrage stellt und alles anders machen will, anspruchsvoll und hedonistisch zugleich ist. Studien zeichnen ein differenzierteres Bild. In einer repräsentativen Umfrage des Zukunftsinstituts wünschen sich 82 Prozent der befragten 20- bis 35-jährigen (Fach-)Hochschulabsolventen am Arbeitsplatz »gute Planung« und »erfüllbare Ziele«. Damit nehmen klare Ziele Platz 3 von insgesamt 24 Wunschkriterien ein, übertroffen nur noch von »guter Arbeitsatmosphäre und Zusammenarbeit im Team« (90 Prozent) und einem »persönlich sinnvollen und erfüllenden Beruf« (87 Prozent). Die Trendforscher deuten die wichtige Rolle von Zielen und Planung als Sehnsucht nach Stabilität in einer immer unberechenbareren Welt.[6] Gleichzeitig lehnen junge Mitarbeitende autoritäre Führung eindeutig ab; eine Mehrheit von 59 Prozent erwartet ausdrücklich, »sich mit ihren Führungskräften auf Augenhöhe auseinandersetzen zu können.«[7]

Helmut Klein von der Technischen Hochschule Amberg-Weiden kommt 2016 in der Auswertung verschiedener Studien und der Befragung eigener Absolventen zu ähnlichen Ergebnissen: »Grundsätzlich verlangt die Generation Y klare, präzise Aufgabenstellungen. Ungenaue Vorgaben entlarvt die Generation Y und sieht sich für u. U. daraus resultierende Fehler nicht verantwortlich«, stellt Klein fest und: »Als Manager [sollte man] sich bewusst sein, dass Status oder autoritäres Gebaren der Generation Y nicht imponiert, sondern dazu veranlasst, ›sich einen anderen Vorgesetzten zu suchen‹.«[8]

Unterm Strich bedeutet das: Ziele werden in unsicheren Zeiten nicht obsolet, sondern im Gegenteil zu wichtigen Orientierungsmarken, auch und gerade bei jüngeren Mitarbeitenden. Infrage steht nicht das »Ob« von Zielen, sondern das »Wie«: Wie werden Ziele kommuniziert, wie viel Gestaltungsfreiraum lassen sie den Mitarbeitenden und in welchem Turnus werden sie justiert? (Zu »Zielrhythmen« finden Sie am Ende dieses Kapitels vertiefende Überlegungen.) Außerdem wenig überraschend: Anweisungen versagen bei den »demokratisch« aufgewachsenen Millennials noch stärker als bei Mitarbeitenden jenseits der 35. Und schließlich: Die Nachwuchskräfte sind durchaus ehrgeizig, sofern ihnen eine Aufgabe Spaß macht.[9] Sie erwarten aber auch deutlich mehr Feedback – »Anerkennung der eigenen Arbeit« – als frühere Generationen.[10] Einer umfangreichen

→

Befragung zufolge legen nur verschwindende 0,3 Prozent gar keinen Wert auf Feedback, 36 Prozent finden es »sehr wichtig«, weitere 39 Prozent wollten es »so oft wie möglich« und 15 Prozent wünschten sich Feedback, das allerdings »mit Vorsicht vermittelt werden [sollte], da meine Professionalität mich bereits daran hindert, schlecht zu arbeiten«(!).[11] Die intensive Feedbackkultur, auf die die jüngeren Mitarbeiterinnen und Mitarbeiter Wert legen, lässt Jahresgespräche in fragwürdigem Licht erscheinen.

Eine solche Kultur ist nur möglich, wenn auch klar ist, wohin die Reise gehen soll: Konstruktive Rückmeldung und eindeutige Ziele sind zwei Seiten einer Medaille. Gerade vor dem Hintergrund des häufig stark ausgeprägten Selbstbewusstseins dieser Generation empfehlen die Führungsexperten Alexander Wittwer und Tobias Heisig eindeutige Ziele, auf die Führungskräfte sich im Austausch mit jungen Mitarbeitern berufen können.[12]

menpläne wurden auf Leitungsebene ausgearbeitet und in die Abteilungen kommuniziert. Dennoch geht es hinten und vorne nicht voran. Ein Workshop mit dem Leitungsteam soll klären, woran das liegt. Auf die Frage, wie denn die Umsetzung durch die verantwortlichen Mitarbeiterinnen und Mitarbeiter sichergestellt werde, ernte ich verwunderte Blicke. Die Ziele seien schließlich schriftlich dokumentiert und lägen jedem vor. »Wir haben das auch in den Teammeetings vorgestellt und Rückfragen beantwortet.« – »Nur weil Sie was aufschreiben und kurz kommentieren, wird nichts umgesetzt!«, stelle ich klar. »Umgesetzt wird nur, was Ihre Abteilungsleiter und Mitarbeiter selber als konkretes Zielbild in ihren eigenen Köpfen generiert haben!«

Das ist das ganze Geheimnis erfolgreicher Zielvereinbarungen, auch wenn es in der Runde erst einmal Schnappatmung auslöst. In diesem Kapitel erfahren Sie, wie Ziele tatsächlich zum Handlungsmotor werden.

Nur selbst generierte Ziele sind nachhaltig wirksam

Ziele sind »wichtige Regulatoren menschlichen Handelns« [13], das bleibt weitgehend Konsens. Nur wer weiß, wohin er will, kann sich zielstrebig auf den Weg machen. Wer es nicht weiß, lässt sich treiben und wird allenfalls zufällig nennenswerte Resultate erzielen. Doch damit Ziele tatsächlich unser Denken fokussieren und unser Handeln befeuern, müssen wir sie verinnerlicht haben – es müssen unsere *eigenen* Ziele sein.

Bei Kindern ist dieser Zusammenhang unmittelbar deutlich, weil sie anders als Erwachsene noch nicht in Lippenbekenntnisse flüchten, wenn ihnen ein Ziel nicht passt. Vielleicht haben Sie selbst schon beobachtet, mit welchem Feuereifer Sechs- oder Siebenjährige auf ein Ziel »hinarbeiten« können. Wenn es gilt, den Spielzeugtruck zu konstruieren oder die Ritterburg aufzubauen, vergessen Kinder die Zeit. Schlafenszeiten? Essenspausen? Sind nur lästig. Ihre Energie scheint unerschöpflich – und fällt komplett in sich zusammen, wenn das Ziel nicht mehr »Lego-Truck« heißt, sondern »aufgeräumtes Kinderzimmer«. Denn das mag das Ziel der Erziehungsberechtigten sein, aber nicht das der Kinder. Urplötzlich ist der Nachwuchs »zu müde«, »hat Durst« oder schlicht »keine Lust«. Für Psychologen ist das nicht verwunderlich: »Ziele sind (…) als mentale Repräsentationen innerhalb der Person zu verstehen, die nicht einfach durch andere Personen zugewiesen werden können«[14], einfacher ausgedrückt: handlungsleitend und motivierend sind *eigene* (im eigenen Hirn aktiv erzeugte) Ziele – nicht die anderer.

Auch die schon zitierte »Selbstbestimmungstheorie« der US-Psychologen Edward L. Deci und Richard M. Ryan[15] weist in diese Richtung, wenn sie neben Kompetenz und sozialer Eingebundenheit die »Autonomie« zu den psychologischen Grundbedürfnissen zählt. Ziele, die aus eigenem innerem Antrieb (»autonom«) verfolgt werden, gehen daher mit mehr Durchhaltevermögen, mehr Kreativität und größerer Befriedigung einher als von anderen auferlegte Zielvorstellungen, die dem Betroffenen womöglich nicht einmal einleuchten. Bei der Formulierung von Zielen geht es im Kern daher um das viel diskutierte Thema der Motivation, die im Grunde nur als Selbstmotivation funktioniert. »The proper question is not, ›how can people motivate others?‹

but rather ›*how can people create the conditions within which others will motivate themselves?*‹«, stellt Deci in diesem Zusammenhang unmissverständlich fest.[16]

Führungskräfte, Projektleiter oder auch Kollegen wiegen sich häufig vorschnell in Sicherheit, wenn ein von ihnen kommuniziertes Ziel widerspruchslos hingenommen wird. Doch damit ein Ziel Kraft entfaltet, muss es beim anderen tatsächlich angekommen sein, und zwar in dessen Kopf *und* Herz. Beobachten lässt sich dieser Effekt, wenn Mitarbeitende, die im Unternehmen allenfalls mitschwimmen, außerhalb der Firma erstaunliche Projekte stemmen: ein Haus bauen, ein Festival organisieren, im Ehrenamt glänzen. Wie passt das zu ihrem Einsatz auf Sparflamme am Arbeitsplatz? Zwar werden Ziele meist zwischen Führungskraft und Mitarbeiter besprochen, aber dabei bleibt man meist an der Oberfläche. Ein gutes Beispiel sind die Zahlenziele (Umsatzgrößen, Marktanteile, Remissionsquoten usw.), die im Vertrieb nach wie vor dominieren. In vielen Fällen läuft das Gespräch zwischen Vertriebsleiter (VL) und Verkäufer (VK) in etwa so ab:

VL: »Wie Sie schon wissen, hat die Geschäftsführung für das zweite Halbjahr ein Umsatzplus von 10 Prozent als Ziel definiert.«
VK: »Das ist ganz schön heftig!«
VL: »Ach, Sie haben doch schon ganz andere Sachen geschafft! Welche Maßnahmen könnten Sie durchführen, um das Ziel zu erreichen?«
VK: »Ich könnte versuchen, das Upselling zu intensivieren, aber das wird nicht reichen.«
VL: »Wie steht es mit Neukundenakquise?«
VK: »Ist im Tagesgeschäft nicht einfach …«
VL: »Dann müsste also eine Aktion geplant werden, was böte sich da an?«
VK: »Mmh, schwierig …«
VL: »Was hat denn die Roadshow im letzten Jahr gebracht?«
usw.

Vermutlich wird der Verkaufsleiter am Ende mit dem Gefühl aus dem Gespräch gehen, wichtige Impulse gegeben und sein Möglichstes getan zu haben. Beim Verkäufer hingegen setzt sich der Eindruck fest, »irgendwie« ein aufgedrücktes Ziel erreichen zu sollen, an dessen Plausibilität er zweifelt. Damit wird sich auch seine Zuversicht, die Zielmarke treffen zu können, in Grenzen halten. Beides macht die tatsächliche Zielerreichung fraglich.

Sie kennen das möglicherweise: Klappt es nicht, hat es Ihr Gegenüber hinterher »ja gleich gewusst, dass das schwierig wird«. Die Alternative zum oberflächlichen Zielekonsens besteht darin, beim anderen ein eigenes Zielbild zu aktivieren. Das nenne ich »Zielprojektion« oder auch »Feel the Future«. Der Gesprächsverlauf könnte dann so aussehen:

VL: »Wie Sie schon wissen, hat die Geschäftsführung für das zweite Halbjahr ein Umsatzplus von 10 Prozent als Ziel definiert.«
VK: »Das ist ganz schön heftig!«
VL: »In der Tat, das ist anspruchsvoll. Wobei: Sie haben ja immer wieder tolle Ergebnisse eingefahren. Unsere Aufgabe ist jetzt, die Möglichkeiten auszuschöpfen, um die neue Zielmarke zu erreichen. Lassen Sie uns die Situation mal vom Ergebnis her betrachten: Wir haben den 31.12. und es ist geschafft.«
VK: »Mmh, schwierig …«
VL: »Sicher. Aus Ihrer Erfahrung: Was muss am Jahresende passiert sein, um ein solches Ergebnis einzufahren?«
VK: »Tja, Upselling allein wird nicht reichen …«
VL: [Pause, wartet ab.]
VK: »Obwohl, wenn jeder fünfte Kunde das Upgrade in Anspruch nähme, brächte das schon mal ungefähr 3 Prozent.«
VL: »Das wäre doch schon mal ein guter Anfang! Was müsste sonst noch passieren?«
VK: »Mmh.«
VL: [Pause, wartet ab.]
VK: »Wir brauchen mehr Neukunden als bisher. Die Roadshow im letzten Jahr hat 5 Prozent gebracht …«
VL: »Ja, das war sehr erfolgreich.«
VK: »Im ersten Schritt könnten wir noch mal bei den Interessenten nachfragen, die bisher noch nicht geordert haben. Das wäre kurzfristig möglich und wenig aufwendig. Mit dem neuen Modell mit Zusatzfunktionen haben wir einen guten Aufhänger.«
VL: »Klingt gut! Und das brächte …?
VK: »Mindestens 1 bis 2 Prozent. Besonders interessant sind allerdings Firmenkunden mit mehr als 1000 Mitarbeitern. Für die könnten wir

eine Aktion starten mit einem befristeten Angebot, etwa: 500 Nutzerlizenzen zum Preis von 450. Was halten Sie davon? Das wäre immer noch eine gute Marge.«

VL: »Gute Idee. Machen Sie das! Mein Go kriegen Sie da auch noch schriftlich.«

VK: »Außerdem würde ich noch mal bei der XY GmbH und der Z AG anklopfen. Die haben ziemlich unter der Datenpanne unseres Mitbewerbers gelitten. Vielleicht sind die reif für einen Wechsel. Das wären echte Umsatzbringer.«

VL: »Damit sind wir schon über der 10-Prozent-Marke, oder?«

VK: »Ja, das sieht gar nicht schlecht aus!«

VL: »Prima! Wenn Sie jetzt überlegen: Wie hoch ist die gefühlte Zuversicht, am 31.12. auf dem Siegertreppchen zu stehen?«

VK: »Nicht einfach, aber machbar, wenn wir's sofort anpacken!«

In diesem Fall bleibt die Führungskraft in der Sache hartnäckig, hütet sich aber, Lösungen vorzugeben. Der Verkaufsleiter wartet ab, denn nur, wenn der Verkäufer selbst nachdenkt und Ideen formuliert, werden entsprechende neuronale Schaltkreise aktiviert und ein eigenes Zielbild entsteht. In diesem Prozess macht sich der Verkäufer das Ziel nach und nach zu eigen, er »adoptiert« es quasi. Unterstützend wirkt dabei auch die Zuversicht des Verkaufsleiters, sie erzeugt positive emotionale Resonanz. Das Thema kommt so nicht als fragwürdiges Diktat der Geschäftsleitung rüber, sondern als ambitionierte Zielmarke, die für einen Profi gleichwohl realistisch ist.

Diese emotionale Unterfütterung eines sachlichen Plans wird in der Praxis radikal unterschätzt. Es genügt nicht, wenn Menschen ein Ziel rein rational befürworten: Sie müssen auch das *Gefühl* haben, dass es machbar ist. Fehlt ihnen diese Zuversicht, sinkt die Erfolgswahrscheinlichkeit rapide. Im bekannten Eisbergmodell gesprochen: Zustimmung an der Spitze, auf der sachlichen Ebene, reicht nicht. Das Ziel muss auch unter der Oberfläche, im Bereich der Emotionen und Einstellungen des Betroffenen angekommen sein.

All das ist eigentlich nicht kompliziert. In der Praxis fällt es den meisten Menschen jedoch ungeheuer schwer, ihr Gegenüber selbst das Ziel und den Weg dorthin konkretisieren zu lassen. Doch in einer Zeit raschen Wandels, komplexer Aufgaben und gut ausgebildeter, auf

Eigenständigkeit pochender Mitarbeitender ist man mit autoritären Direktiven nicht länger erfolgreich. Entscheidend ist vielmehr, Mitarbeiterinnen und Mitarbeiter gezielt dabei zu unterstützen, Erfolge zu erzielen – direktiv zu sein, ohne Direktiven zu erteilen.

Zeitdruck, Mangel an Geduld und der Machermythos vieler Manager stehen dem im Wege. Durchsetzungsstärke beweist im gängigen Verständnis, wer Probleme selbst löst, nicht, wer andere bei der Lösungsfindung unterstützt. Doch wer sich daran gewöhnt, abzuwarten und nicht gleich mit eigenen Vorstellungen vorzupreschen, wird erstaunt sein, welche Ressourcen Mitarbeiter (oder auch Kollegen in der lateralen Zusammenarbeit) mobilisieren. Die Aufgabe der Führungskraft besteht in diesem Verständnis vorrangig darin, wie ein Coach den anderen darin zu unterstützen, ein eigenes Zielbild aufzubauen. Sie gibt den Rahmen vor (im Beispiel die Umsatzmarke der Geschäftsführung) und unterstützt im Wesentlichen durch Fragen und positive Bestärkung bei der Lösungsfindung. Das so skizzierte Feld muss durch das Gegenüber gefüllt werden. Die Größe des Rahmens deutet dabei die Freiheitsgrade des anderen an. Von der Topebene definierte Zahlenvorgaben beschreiben einen sehr klaren Rahmen mit möglicherweise weniger Freiheitsgraden (den Extremfall eines sehr engen Rahmens), während die meisten Aufgaben mehr Gestaltungsfreiraum bei Zielparametern und Wegen zum Ziel lassen (vgl. Abbildung 9).

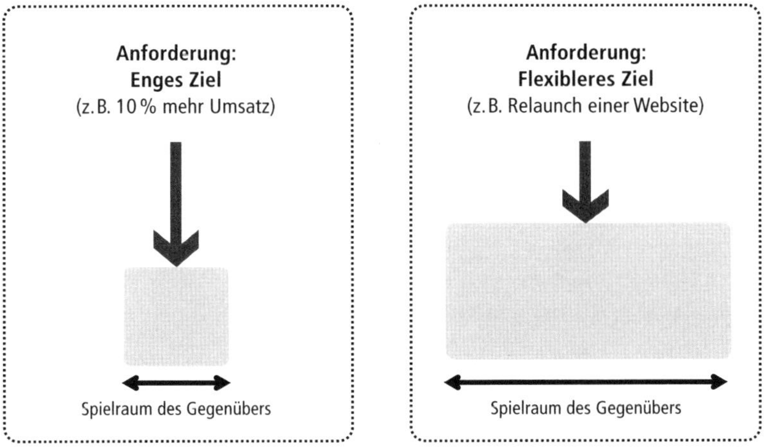

Abb. 9: Spielraum für die Kreation konkreter Zielbilder

Allen, die im Rahmen ihrer Tätigkeit mit numerischen Zielen operieren, sei also gesagt: Eine Zahl ist nur Ausgangspunkt und Rahmen eines Ziels, das mit Energie und Leidenschaft angesteuert wird. Zur wirksamen Zielmarke wird eine Zahl erst dann, wenn sie vom Betroffenen in konkrete Erfolgsparameter und Maßnahmen übersetzt und mit Zuversicht für sich selbst akzeptiert werden kann. Dabei hängt das eine durchaus mit dem anderen zusammen, denn: Klarheit schafft Zuversicht!

Zielprojektion: Die Kraft positiver Zielbilder

Fußballtrainer Jogi Löw hängte während der Weltmeisterschaft 2014 das Weltmeistertrikot der deutschen Mannschaft in der Fußballer-Kabine auf.[17] Es scheint geholfen zu haben: Deutschland besiegte Argentinien im Endspiel knapp mit 1 : 0. Natürlich spielte dabei auch Mario Götze eine gewisse Rolle. Doch unter Spitzensportlern ist es ausgemacht, dass die Visualisierung des angestrebten Sieges dabei hilft, Strapazen zu überwinden und Kräfte zu mobilisieren. Aus Sicht der Hirnforschung sind starke innere Bilder eines angestrebten Zustandes ein starker Handlungsantrieb. Als treibende Kraft erweist sich dabei die »Inkohärenz« zwischen dem inneren Zielbild und dem Status quo. »Da das Gehirn (...) einen kohärenten Zustand bevorzugt, wird es Sie immer wieder dazu aktivieren, Ihre Außenwelt so weit zu verändern, dass sie zu Ihren inneren Bildern passt«, erklärt Sebastian Purps-Pardigol in seinem Buch »Führen mit Hirn«.[18] Wird ein Ziel als sinnvoll und erstrebenswert erlebt, motiviert dies zu verstärkten Anstrengungen. Das gilt für Ihre Mitarbeiter, für Sie und mich genauso wie für die Fußballnationalmannschaft.

Stellen Sie sich vor, Sie stehen am Fuße eines Berges. Die Spitze des Berges repräsentiert das von Ihnen angestrebte Ziel, z. B. die Reorganisation eines Bereichs, den Gewinn eines Kunden, die Verabschiedung eines neuen strategischen Konzeptes oder Ähnliches. Auf dem Weg vom Tal zum Gipfel gibt es etliche Hürden, die überwunden werden müssen: steile Passagen, Geröllfelder, Gletscher. Während Sie sich auf die erste Hürde zubewegen, zieht ein Unwetter auf. Wolken verhüllen den Gipfel, Sie sehen ihn nicht mehr. Es beginnt zu regnen, und am

Schluss befinden Sie sich komplett im Nebel. Das Einzige, was Sie sehen, ist, dass Sie am Fuße der ersten Hürde stehen. Sie fragen sich, was nun zu tun ist. Viele Menschen bleiben in dieser Situation stehen, bauen eine Schutzhütte und überlegen, ob es wirklich sinnvoll ist, diesen Berg anzugehen, ob es nicht besser wäre, das Vorhaben abzublasen. Oder sie suchen sich andere Berge/Aufgaben, von denen sie hoffen, dass sie leichter zu erreichen sind.

Die entscheidende Frage ist, welchen inneren Zustand oder welche innere Verfassung ein Mensch haben muss, damit er trotz Hürden, Unwetter, Nebel und vordergründig nicht mehr sichtbarem Ziel motiviert ist, Hürden zu überwinden und das Ziel zu erreichen. Im Bild der Bergbesteigung würde das bedeuten, zu warten, bis die Bedingungen besser sind, und dann mit erhöhter Konzentration die nächsten Hürden anzugehen.

Die Methode heißt »Feel the Future« oder Zielprojektion (vgl. Abbildung 10). Sie setzt auf die grundlegende Fähigkeit des Menschen, sich einen Zielzustand in der Zukunft ganz konkret vorzustellen und Erfolgszuversicht für die Zielerreichung zu entwickeln. Bei der Zielprojektion male ich mir genau aus, wie es ist, wenn ich auf dem Gipfel angekommen bin (Klarheit des Ziels, »Ist-Zustand bei Zielerreichung«). Wenn diese Klarheit vorhanden ist, wenn ich die Erfolgsparameter genau nachvollziehen kann, versuche ich zu spüren, ob dieses klare Ziel auch eine positive emotionale Ladung hat (»ich fühle mich gut …«). Anschließend betrachte ich den Prozess der Zielerreichung rückwärts – aus der Perspektive des Erfolges bzw. des erreichten Ziels. Diese Methode befähigt Bergsteiger, Strapazen und Mühen auf sich zu nehmen, oder Marathonläufer, auch dann noch weiterzulaufen, wenn jede Faser des Körpers schmerzt. Dieselbe Methode hilft im Arbeitskontext, Durststrecken in einem Projekt zu überwinden oder seine Anstrengungen zu erhöhen, wenn im Verlauf der Zielerreichung Schwierigkeiten auftauchen.

① Zielprojektion, »Spüren«, Visualisierung, Zielklarheit (Erfolgsparameter), Erfolgszuversicht, Sinnhaftigkeit

② Betrachten der Hürden aus dem Blickwinkel der Zielerreichung. Ideen und Maßnahmen zur Überwindung der Hürden

③ Prospektive Zielplanung, Maßnahmen, Meilensteine

Abb. 10: Die Wirkung emotional aufgeladener Ziele

Die Wirkung positiv aufgeladener Ziele kennen wir alle: Ähnlich wie der Marathonläufer, der sich vorstellt, wie er beim Zieleinlauf die Arme hochreißt, büffeln wir für Prüfungen, weil wir uns ausmalen, wie wir das Diplom in Empfang nehmen, oder wir verwenden viel Zeit auf eine Präsentation, weil wir auf den Moment hinarbeiten, in dem der Vorstand oder die Geschäftsleitung begeistert ist. Ziele, hinter denen wir stehen, beflügeln uns. Wenn Sie als Führungskraft Menschen für Ziele gewinnen wollen, ist die Zielprojektion daher ein unverzichtbares Leadership-Tool. Ihre Umsetzung erfolgt in vier Schritten:

1. Benennen Sie ein aus Ihrer Sicht zentrales Ziel.
2. Projizieren Sie sich drei/sechs/zwölf Monate in die Zukunft: Sie haben das Ziel erreicht.
3. Erleben Sie die Zielprojektion, als ob Sie das Ziel bereits erreicht hätten:

   a) Klarheit: Was ist genau, jetzt, wo Sie das Ziel erreicht haben? Wer ist anwesend?
   b) Emotionale Ladung: Wie fühlen Sie sich? Wie ist Ihre Stimmungslage?
4. Blicken Sie zurück: Was haben Sie in den letzten Wochen, Monaten getan, um dieses Ziel zu erreichen?

Diese Schritte können Sie nicht nur im Dialog mit Mitarbeitenden einsetzen, die Sie in der Präzisierung von Zielen unterstützen, sondern auch für Ihre Selbstführung. Im Mitarbeitergespräch kommt es darauf an, dass Sie selbst ein klares Bild davon haben, was erreicht werden soll. Außerdem ist wichtig, dass der Mitarbeitende nicht nur sein eigenes Zielbild entwickelt, sondern im vierten Schritt (»Rückblick«) auch dazu motiviert wird, konkrete Steps zu planen, die ihn in der Zuversicht bestärken, dass das Ziel erreichbar ist. Wie Sie Zielprojektion in der Kommunikation umsetzen (sprechen), erfahren Sie im nächsten Abschnitt.

Wirksame Gesprächstechniken

Bei der Zielprojektion mit Mitarbeitern oder Kollegen unterstützen Sie Ihr Gegenüber dabei, ein klares Zielbild zu entwickeln und dieses Ziel in durchdachten Schritten selbstbewusst und zuversichtlich anzustreben. Die Rolle der Führungskraft ähnelt der eines Coaches, der Denkprozesse beim anderen anstößt. Der Führende schreibt also nichts vor, sondern unterstützt das Gegenüber dabei, die Realität für sich einzuordnen und eine Haltung zu ihr zu entwickeln. Auf neuronaler Ebene entspricht dies der Aktivierung entsprechender Netzwerke beim anderen, die dazu führt, dass das Ziel in dessen Kopf Gestalt annimmt. Das ist viel stärker der Fall, wenn der Betroffene selbst sein Vorhaben entwickelt und ausspricht, als wenn er nur passiv zuhört. Aus diesem Grund ist es klug, die eigenen Redeanteile in Zielgesprächen zu begrenzen (Faustregel: nicht mehr als 50 Prozent) und öfter abwartende Pausen zu machen, damit der andere seine Gedanken ordnen kann. Im Einzelnen sind dabei folgende Gesprächstechniken hilfreich:

Zielbild sprechen (Zielklarheit und Zuversicht erreichen)
Für die Entwicklung eines Zielbildes sind die folgenden Formulierungen nützlich:

»Wie könnte ein positives Ergebnis für uns aussehen?«
»Lassen Sie uns die Situation vom Ergebnis her betrachten …«
»Was haben wir zum Zeitpunkt x genau erreicht?«
»Was muss aus Ihrer Sicht erreicht sein, damit wir von einem Erfolg sprechen können?«
»Woran machen Sie den Erfolg genau fest?«
»Wo stehen wir in drei Monaten, wenn alles gut läuft? Welche Ergebnisse liegen dann aus Ihrer Sicht genau vor?«
»Stellen Sie sich vor, Sie haben das Ziel erreicht. Wie ist die Situation dann für Sie?«

Es reicht jedoch nicht, das Ziel nur sachlich auszuloten. Emotional aufgeladen wird ein Ziel durch Fragen wie die Folgenden:

»Wie fühlt sich das an?«
»Wie hoch ist Ihre gefühlte Zuversicht?« [Ist sie niedrig, muss das Ziel noch justiert werden.]
»Was löst diese Perspektive in Ihnen aus?«
»Sie als Experte: Wie ist Ihr Bauchgefühl bei diesem Ziel?«
»Ich bin mir nicht ganz sicher, wie Sie das Ziel für sich persönlich einschätzen.«

Ist das Ziel klar, werden von dort aus (im Rückblick) mögliche Hürden ausgelotet:

»An welcher Stelle im Prozess könnten Probleme auftreten?«
»Wann muss was erfolgt sein?«
»Was muss geschehen sein, damit diese Hürde überwunden werden kann?«
»Wann sollte der Startpunkt sein, damit genügend Puffer im Projektverlauf da ist?«
»Wie viel Luft für eventuelle Hürden ist in diesem Plan drin?«

Je konkreter das zu erreichende Ziel und je durchdachter der Weg dorthin, desto leichter fällt es, das Ziel zuversichtlich anzustreben. Je mehr Zuversicht die Führungskraft selbst ausstrahlt, desto eher wird sie überdies entsprechende Resonanz (= Zuversicht) beim anderen auslösen. Dabei hilft die folgende Gesprächstechnik.

Wie-Haltung verkörpern (»Wie! sprechen«)

Die Fragen, die wir stellen, bestimmen die Antworten, die wir bekommen. Viele Menschen fragen in heiklen Situationen bevorzugt nach dem Warum, nach Schuldigen und Verantwortlichen (»Wer war das?«). Doch rückwärtsgewandtes Bohren bringt in den meisten Fällen nicht weiter. Bei ambitionierten Vorhaben wird auch gerne das Ziel infrage gestellt: »Ob das wirklich nötig ist? Ob das was bringt?«. Auch diese »Ob-Haltung« führt in eine Sackgasse. Ziele müssen ernst genommen werden, um eine Umsetzungschance zu haben. Hilfreich ist daher, im Zielgespräch nach dem Wie des Gelingens zu fragen (»Wie-Haltung«): Folgende Formulierungen weisen in diese Richtung:

»Wie könnte denn ein nächster Schritt für Sie aussehen?«
»Wie müssen wir aus Ihrer Sicht vorgehen, damit es funktioniert?«
»Wie lässt sich dieses Risiko minimieren?«
»Wie können wir damit umgehen, um das Projektziel nicht zu gefährden?«
»Wie mobilisieren wir, was möglich ist?«

Zu dieser Haltung gehört es auch, Optimismus auszustrahlen, dass das Vorhaben gelingen wird:

»Ich bin sicher, wir finden eine Lösung!«
»Wenn wir aktiv dranbleiben, wird uns etwas einfallen!«
»Augen auf und durch! Widerstände können wir dann angehen, wenn sie tatsächlich entstehen.«

Zu den wichtigsten Eigenschaften von Führungskräften zählt, auch in scheinbar ausweglosen Situationen selbst eine Wie-Haltung einnehmen zu können und Entschlossenheit und Mut auszustrahlen *(»Ich kenne im Moment den Weg noch nicht. Wenn wir aber aktiv dranbleiben, werden wir die Lösung finden, da bin ich mir absolut sicher!«).* Diese Fähigkeit ist einer der Gründe dafür, dass Führungskräfte höher bezahlt werden als ihre Mitarbeiter.

»Delta Plus« sprechen (Szenarien entwerfen)

In schwierigen Kommunikationssituationen und bei neuen Herausforderungen ist es strategisch klug, die Aufmerksamkeit des Gesprächspartners auf Bilder einer möglichen Lösung zu richten, ohne schon konkret zu werden. Zur Erinnerung: Mit »Delta Plus« ist eine Diskrepanz zwischen dem Status quo und einem angestrebten ambitionierten Zielzustand gemeint (vgl. Kapitel 3). Folgt der andere dem Impuls und skizziert ein Szenario, kann mit ergebnisorientierten Formulierungen konkretisiert werden.

»Könnte dieses Thema interessant für Sie sein?«
»Wie würden Sie ein positives Szenario in dieser Situation beschreiben?«
»Wo würden Sie sich (Ihre Abteilung/Ihre Firma) in diesem Szenario sehen?«
»Wie sehen Sie diese Situation – in welche Richtung sollten wir gehen?«
»Was würde das dann konkret bedeuten?«

Die Formulierungsbeispiele illustrieren: Der Führende wird bei der Zielprojektion vom Macher zum hartnäckigen Impulsgeber und Frager. Statt mühsam zu schieben und selbst das Gros der Energie einzubringen, gewinnt er das Gegenüber dafür, sich selbst Gedanken zu machen, sich zu committen und Energie zu investieren. Das mag zunächst mühsamer wirken als ein mehr oder weniger freundliches Zielediktat. Doch es wirkt nachhaltig und erhöht die Umsetzungswahrscheinlichkeit.

Zielrhythmen in schnelllebigen Zeiten

Komplexität erfordert Richtung, und Richtung erfordert eine gemeinsame Ausrichtung. Das gilt auch für die viel beschworene VUKA-Welt und »agiles« Management. Zur Erinnerung: Das »G« im Akronym »agil« steht für »goal attainment« (Zielerreichung). Doch in schnelllebigen Zeiten stellen sich dabei neue Fragen:

- Wie hart (präzise) sind Ziele definiert?
- Auf welchen Zeithorizont erstrecken sie sich?
- Wie werden Ziele im Unternehmen generiert?

- Wie stark sind Mitarbeitende daran beteiligt?
- Wie viel Freiraum gibt es bei der Zielverfolgung und Zielerreichung?

Es liegt nahe, dass Manager traditioneller Unternehmen in diesen Zeiten auf junge Erfolgsunternehmen wie Google blicken. Wie geht man dort mit dem Zielethema um? Um es gleich vorwegzunehmen: Jahresziele haben ausgedient: zu unflexibel, zu wenig handlungsleitend, zu anfällig für Fehlsteuerungen. So schnell, wie die Wirtschaft heute tickt, können am Jahresende alle vereinbarten Ziele erreicht sein – und dennoch steht das Unternehmen vor großen Problemen, weil die alten Ziele an neuen Herausforderungen schlicht vorbeigingen. Werden die Jahresziele mit Gehaltsfragen gekoppelt, ist die Gefahr der Fehlsteuerung noch größer: Getan wird dann eher, was den Bonus bringt, und nicht, was der Sache dient. Auch das Argument, im Jahresgespräch tauschten sich Führungskraft und Mitarbeiter wenigstens einmal jährlich intensiver über Erwartungen und Entwicklungsmöglichkeiten aus, steht auf tönernen Füßen: Ein solcher Austausch ließe sich auch ohne Verknüpfung mit Jahreszielen formal implementieren. Kein Wunder also, dass sogar Traditionsunternehmen wie die Zürcher Kantonalbank (ZKB) sich vom jährlichen Ritual der Zielvereinbarungs- und Qualifikationsgespräche verabschiedet haben.[19] Doch wie synchronisiert sich ein modernes, agiles Unternehmen?

Google greift auf eine Methode zurück, die bereits in den Siebzigerjahren von Andy Grove bei Intel entwickelt wurde und nach der inzwischen viele Unternehmen der New Economy arbeiten, unter anderem Facebook, LinkedIn, MyMuesli, Twitter oder Zalando: »Objectives & Key Results« (OKR). »Objectives« sind ambitionierte, aus der übergeordneten Unternehmensvision abgeleitete Themenfelder, »Key Results« bilden deren messbare Operationalisierung. Wäre die Vision eines Reiseanbieters beispielsweise, »Der führende Anbieter von Abenteuerurlaub in Europa« zu sein, könnten Objectives lauten: unbekannte Reiseziele erschließen, spannende neue Themenreisen entwickeln, aufregende Sportarten integrieren. Auf der Ebene der »Key Results« werden diese attraktiven (motivierenden) Zielthemen präzisiert und messbar gemacht – und zwar ebenso wie die Objectives abgestimmt auf eine Frist von drei bis vier Monaten. Beim Objective »Unbekannte Reiseziele erschließen« könnten Key Results beispielsweise ein »Konzept für zwei neue Asienreisen erstellen«, »Kontakt zu lokalen Behörden aufnehmen und je ein Informationstreffen durchführen«, »Vorläufige Kalkulation erstellen«, »Kundeninteresse durch Social-Media-Umfrage ausloten«. Kenner der Methode empfehlen, maximal vier Objectives und jeweils maximal vier zugeordnete Schlüsselergebnisse pro Quartal zu formulieren, um sich nicht zu verzetteln.

Objectives sind bewusst ehrgeizig und so formuliert, dass sie zum Verlassen der Komfortzone animieren. Sicherheitsdenken soll so überwunden werden, auch, indem Zielerreichung und Gratifikationen (Boni, Beförderungen) entkoppelt werden. Je nach Unternehmen gelten 60 bis 75 Prozent Zielerreichung als gut (bei Google sind es 60 bis 70 Prozent, bei MyMuesli 75 Prozent). »Schlechte Ergebnisse werden bei Google nicht sanktioniert, sondern einfach als Datenbasis für die Festlegung der nächsten OKRs gesehen«, heißt es bei den »Digital Pioneers« von *t3n*. »Schafft man mehr, dann hat man vermutlich nicht ambitioniert genug geplant. Schafft man weniger, dann wurden vielleicht die Ziele falsch gesetzt oder man hat nicht richtig priorisiert«, erläutert MyMuesli im Unternehmensblog.[20] Ziele werden damit primär zum Instrument der (Selbst-)Steuerung, als Mittel der direkten Leistungsbeurteilung und Kontrolle haben sie ausgedient. Die Gegenüberstellung von klassischen Zielkonzepten zur Umsetzung der Unternehmensstrategie und neuem Zieleverständnis im Rahmen agiler Unternehmenskonzepte zeigt Gemeinsamkeiten, aber auch Unterschiede (vgl. Abbildung 11). OKRs setzen auf eine Vereinfachung und stärkere Umsetzungsorientierung.

Neu an der Methode ist neben dem kürzeren Zielezyklus, der flexiblere Reaktionen auf Marktentwicklungen erlauben soll, auch die Art und Weise, wie Ziele zustande kommen: Auf Basis der Unternehmensstrategie und von zugeordneten mittelfristigen Unternehmenszielen (»Moals« für »Mid-Term-Goals« mit Ein- bis Zweijahresfrist) formuliert die Geschäftsleitung quartalsweise die Unternehmens-OKRs. Diese werden in Teamsitzungen von Mitarbeitern in Team-OKRs übersetzt, bevor jeder einzelne Mitarbeiter *selbst* seinen Beitrag zu den Teamzielen im Mitarbeiter-OKR festlegt. Sämtliche Unternehmensziele *aller* Ebenen sind für *alle* Unternehmensangehörigen jederzeit transparent und im Intranet zugänglich (»OKR-Liste«). Davon verspricht man sich Synergien und zudem auch eine stärkere Motivation, da

Dimensionen von Strategie			
Klassische Umsetzung		**Neue Begriffe/Agile Welt (OKR)**	
Strategie	(XX Jahre)	Strategie-Leitbild	(XX Jahre)
Key Dimensions Aktionsfelder Zielthemen	(> 3 Jahre) (1 bis 3 Jahre) (1 Jahr)	Moals, Initiativen	(1 bis 2 Jahre)
SMARTe Ziele Steps/Meilensteine	(3 Monate bis 1 Jahr) (1 bis 3 Monate)	OKRs – Objectives – Key Results	(3 Monate) (3 Monate)

jeder seinen persönlichen Beitrag im Rahmen des »Big Picture« der Unternehmensziele verorten kann.

Flankiert wird der OKR-Zyklus von einer Meetingkultur, die vom agilen Projektmanagement (à la Scrum) inspiriert ist: Während die vierteljährlichen Planungssitzungen für die Unternehmens- und die Team-OKRs maximal vier Stunden betragen können, ist das wöchentliche Teammeeting auf insgesamt 15 Minuten beschränkt. Jedes Teammitglied informiert dort in wenigen Sätzen über

- seinen aktuellen Status quo,
- seine Arbeitsvorhaben der Woche,
- sonstige wichtige Themen,
- aktuelle Hindernisse,
- Vorhaben der nächsten vier Wochen.[21]

Endlose Diskussionsrunden gehören damit der Vergangenheit an, anstehende Fragen werden nicht im Meeting, sondern bilateral diskutiert. Etwas länger sind die abschließenden »OKR-Reviews«, in denen Bilanz gezogen wird und jedes Teammitglied seine persönliche Zielerreichung vorstellt – sie sollen zwischen 30 und 90 Minuten dauern. Großen Stellenwert wird der abschließenden »OKR-Retrospektive« eingeräumt, die vom OKR-Master (einem mit der Methode gut vertrauten internen

Coach, der den gesamten Prozess im Auge hat) professionell moderiert wird und der kontinuierlichen Verbesserung des Gesamtprozesses sowie der Erreichung von Zielen generell dient (120 Minuten). Abbildung 12 gibt einen Überblick des OKR-Frameworks.

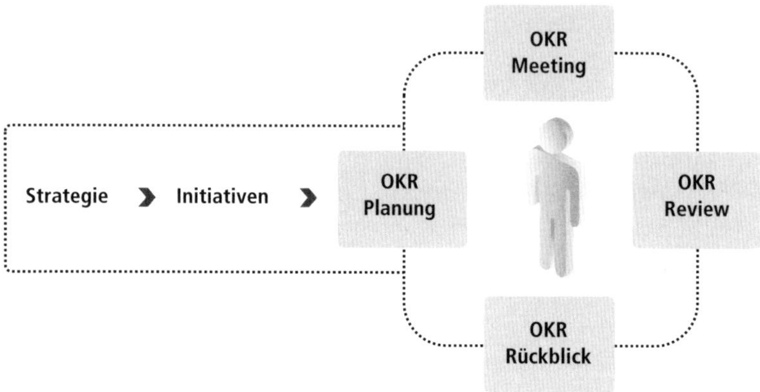

Abb. 11: »Objectives« und »Key Results« als Steuerungsinstrumente (nach Lobacher et al. 2017, S. 7)

Bereits diese kurze Synopse des OKR-Prozesses dürfte deutlich machen, dass sich das Verfahren einem traditionell arbeitenden Unternehmen kaum einfach überstülpen lässt. OKR setzt eine Unternehmenskultur voraus, die von Vertrauen und einem großen Maß an Selbstverantwortung geprägt ist, ferner flache Hierarchien und nicht zuletzt ein Führungsverständnis von »Servant Leadership« hat, bei dem es primär darum geht, Rahmenbedingungen für den Mitarbeitererfolg bereitzustellen. Nicht übersehen werden sollte auch, dass Kontrolle und Realitätscheck keineswegs wegfallen, auch wenn OKR wesentlich auf Selbststeuerung der Mitarbeitenden basiert. »Agile Unternehmen leben eine zum Teil schonungslose Offenheit. Wer sich nicht für seine Ziele einsetzt, wird es schwer haben, mit dem Team zu wachsen«, schreibt Valentin Nowotny in seiner Antwort auf die Frage »Was ist eine agile Organisation?«. An die Stelle des mahnenden Vorgesetzten tritt schlicht der Gruppendruck, auch wenn dies in den euphorischen Darstellungen der OKR-Anhänger ausgeklammert bleibt.

Welches Fazit lässt sich aus all dem ziehen? Auch das agilste Unternehmen muss dafür sorgen, dass alle an einem Strang ziehen. Diese Ausrichtung (»Alignment«) geht nicht ohne Ziele. Wer Ziele so flexibilisieren will, dass sie zum Navigieren in wechselhaftem Umfeld taugen, muss über Zeithorizonte, den Prozess der Zielgenerierung und die Art der Operationalisierung nachdenken. Kürzere Laufzeiten, stärkere Mitarbeitereinbindung und flexiblere Zielmarken (in Form von »Zielkorridoren« oder Vergleichsmarken im Wettbewerb / Rankings) sind das Gebot der Stunde. Ohne mehr Zutrauen in die Mitarbeitenden, ohne mehr Eigenverantwortung ist Flexibilisierung nicht zu haben. Man kann nicht gleichzeitig wendig sein und alles kontrollieren. Je komplexer die (Unternehmens-)Welt wird, desto weniger lässt sie sich durch Vorschriften, Regelapparate und striktes Top-down-Management bewältigen. Das verändert die Rolle der Führenden, die die langfristige strategische Ausrichtung vorgeben und produktive Arbeitsumfelder bereitstellen, im Alltagsgeschäft aber die Zügel locker lassen und auf die Kompetenz der Teams vertrauen, die sich selbstorganisiert relevanter Fragestellungen annehmen.

Das ist in der Tat eine andere Welt als die der durchorganisierten und durchreglementierten Großunternehmen. Die spannende Frage ist inzwischen nicht mehr, ob die Unternehmen der New Economy mit ihren jungen Belegschaften geeignete Organisationsformen finden, denn der Erfolg von Google und Co. zeigt, dass die neuen Ansätze auch enormes Unternehmenswachstum bewältigen. Die spannende Frage ist vielmehr, wie es gelingen kann, in traditionellen Unternehmenstankern eine »agile« Transformation anzustoßen. Die Lösung von Alain Veuve, Start-up-Unternehmer und Experte für Digitale Transformation, mutet da doch ein bisschen einfach an: »Zum Glück sterben diese Dinosaurier gerade massenhaft aus«, prophezeite er schon 2008.[22] Viele der Dinosaurier leben auch zehn Jahre später noch, aber sie blicken mit Sorge auf die neuen wendigen Konkurrenten. OKR-Anhänger betonen gern, ihr Zielansatz ließe sich nur ganz oder gar nicht einführen, »ein bisschen OKR« sei unmöglich. Dem tragen große Organisationen zum Teil durch Ausgründungen oder »agile« Abteilungen Rechnung, die – häufig räumlich getrennt vom Kernunternehmen – als agile Experimentierfelder eingerichtet werden. Dennoch wird es Übergangsformen brauchen, die traditionellen Unternehmen den Weg in die VUKA-Welt ebnen (vgl. hierzu auch den Exkurs »Das

Unternehmen der Zukunft: Mehr Eigenverantwortung durch Netzwerke« in Kapitel 2).

Das Leadership-Tool »Zielprojektion« ist deshalb so nützlich, weil es genau zum Ausdruck bringt, wie Ziele durch die Umsetzer selbst generiert werden müssen, um nachhaltig wirksam zu sein. Es ermöglicht, in einer Weise über Ziele zu sprechen, bei der die Selbstverantwortung des Gegenübers Schlüssel zum Erfolg ist. In diesem zentralen Punkt berühren sich die hier vorgestellte Zielprojektion und das Zieleverständnis von OKR: Ziele sind nur dann wirksam, wenn sie selbst gesetzt und erzeugt sind. Wenn es Ihnen als Führungskraft gelingt, diese »Selbstsetzung« von Zielen anzustoßen und in Ihrem Verantwortungsbereich ein Klima des Vertrauens und Zutrauens zu schaffen, rückt der formale Rahmen der Zielvereinbarung in den Hintergrund. Das zeigt auch das abschließende Praxisbeispiel, das eine laterale Führungssituation thematisiert.

PRAXISBEISPIEL:
Sales-Kollegen in einer Matrix sollen Sie bei einem komplexen Sales-Projekt unterstützen – was tun als Kollege?

Nachdem oben im Beispiel des Umsatzziels eine klassische Führungssituation durchgespielt wurde, geht es im Folgenden um eine typische Herausforderung in vielen Projekten: Sie sind auf die engagierte Mitarbeit einer Kollegin angewiesen, die selbst genug »auf dem Tisch hat«. Obwohl das Beispiel eigentlich aus der Old Economy kommt, wird in dieser Organisation ganz bewusst darauf verzichtet, den Key-Account-Manager mit »hierarchischen« Befugnissen (fachliche Führung) auszustatten – die knappen Ressourcen sollten mithilfe der Sozialkompetenz der Akteure ausgehandelt und damit auf einer sachlichen Grundlage entschieden werden.

Die Ausgangssituation

Sie sind Key-Account-Manager (Kundenbetreuer) für einen großen weltweit operierenden Account bei einem führenden Soft- und Hardware-Hersteller, der vornehmlich im B2B-Geschäft aktiv ist. Die zehn Sparten (Hardware, Middle Ware, Software, Applikationen etc.) sind in ihrer Line of Business hierarchisch organisiert, d.h., jede Sparte muss für sich allein profitabel sein. Die Key-Account-Manager haben die Aufgabe, bei den großen Accounts die Synchronisierung der Sparten zu organisieren, um letztlich das gesamte Produktportfolio in einer gemeinsamen Infrastrukturlösung für den Kunden zu bündeln. Die Zusammenarbeit ist als Matrix organisiert, d.h., der Key-Account-Manager hat keinen hierarchischen Zugriff. In Ihrem Key-Account laufen momentan Initiativen zur Modernisierung der Infrastruktur. Für die Erarbeitung der Kundenlösung sind Sie auf die Unterstützung Ihrer Kollegen aus den anderen Sparten angewiesen, die parallel eigene Accounts bearbeiten und dort wesentlich rascher Umsätze generieren können. Es besteht daher die Gefahr, dass Ihr Key-Account zugunsten anderer Kunden vernachlässigt wird.

Ihre Zielsetzung

Sie möchten eine Sales-Kollegin, die im Key-Account-Meeting sehr skeptisch wirkte, dazu veranlassen, das Projekt engagiert zu unterstützen. Im folgenden Dialog steht die Abkürzung KAM für Sie und »Sales« für die Kollegin. Rechts finden Sie wieder eine Zuordnung der Gesprächstechniken.

KAM: *»Ich würde gerne noch einmal mit Ihnen über das Projekt für die YXZ AG sprechen. Danke, dass Sie sich die Zeit für dieses Gespräch nehmen.«*	Situationsdefinition ▶ Kapitel 6 (Überschrift des Gesprächs formulieren)
SALES: *»Kein Problem. Worum geht es?«*	
KAM: *»Die Komponenten, die Sie und Ihr Team verantworten, sind aus meiner Sicht der Kern unserer Verkaufsstrategie zur Abwehr unseres Hauptwettbewerbers.*	Realitätsanker ▶ Kapitel 3 (Komm. der Realität)

Ich hatte vorgestern im Account-Meeting den Eindruck, dass Sie das Ganze eher reserviert betrachten.«

Positiver Loop
▶ Kapitel 1
(Selbsteröffnung)

Sales: *»Ihr Projekt ist sicher gut und wir haben Chancen, zu gewinnen, aber wir arbeiten aktuell an sehr vielen Fronten und sind mit unserer Kapazität am Limit.«*

KAM: *»Das ist natürlich immer unser Dilemma – wir müssen heute schon aktiv werden, wenn wir in 18 Monaten Erfolg haben wollen. Und natürlich ist die Priorisierung hier eine zentrale Fragestellung.«* [Pause]

Überzeugungssog/
Einwandbehandlung
▶ Kapitel 5
(Bestätigung + Argument
+ Pause)

Sales: *»In der Tat, Sie stehen ja im Moment mehr oder weniger am Anfang …«*

KAM: *»Die Gesamtstrategie steht und ist schon mehrfach mit dem CIO (Chief Information Officer) und den Verantwortlichen aufseiten des Kunden durchgesprochen worden. Wir sind also mitten im Verkaufsprozess. Wir reden über ein Volumen von 8,2 Millionen, das wir realisieren können.«*

Realitätsanker
▶ Kapitel 3
(Komm. der Realität)

Sales: *»Sicher. Wir tun unser Möglichstes. Aber was nicht geht, geht eben nicht. Meine Leute meutern jetzt schon wegen der vielen Kundenprojekte, die sie stemmen müssen.«*

KAM: *»Ich sehe die Schwierigkeiten – daher müssen wir uns aktuell in unserer Abstimmung auf die absolut notwendigen Unterstützungsmaßnahmen durch Sie und Ihre Einheit konzentrieren. Ich meine, die Erfolgschance und die Größe des Projektes rechtfertigen dies. Wie könnte das aus Ihrer Sicht gehen?*

Überzeugungssog/
Einwandbehandlung
▶ Kapitel 5
(Bestätigung + Argument
+ Frage)

Sales: *»Was würde das denn grundsätzlich bedeuten? Sie wissen, die Kapazitäten sind sehr beschränkt.«*

KAM: »*Ich bin sicher, wir können das gemeinsam abstimmen und organisieren. Lassen Sie uns einmal vom Ergebnis her eine Rückwärtsbetrachtung machen. Der CIO des Kunden möchte in drei Monaten – Termin ist bereits fixiert – das mit den internen Einheiten abgestimmte Grundkonzept unserer Lösung vorliegen haben. Wir haben mit den internen IT-Verantwortlichen aktuell vier Workshop-Tage in den nächsten zwei Monaten verabredet. Ihre Komponente spielt in unserer Abgrenzung zum Wettbewerber eine besonders wichtige Rolle. Ich denke, wir benötigen Sie in Person und Ihren Experten für die vier Workshops und die Präsentation.*«

Zielprojektion
(Wie-Haltung verkörpern + Zielbild sprechen)

Sales: »*Jeder der Workshops beinhaltet natürlich Vor- und Nacharbeiten. Wenn es nur die Kundentermine wären …*«

Zielprojektion
(Konkretisierung des Zielbildes)

KAM: »*In der Tat. Ich meine, wir müssen bei der Ausarbeitung gemeinsam mit den Kundenverantwortlichen ein hohes Engagement zeigen. Daher ja auch die Bitte, dass Sie persönlich einen Fokus auf dieses Projekt legen und konsequent mit im Boot sind.*«

Überzeugungssog/
Einwandbehandlung
▶ Kapitel 5
(Bestätigung + Argument + Frage)

Sales: »*An zwei Workshops und am Termin mit dem CIO kann ich anwesend sein. Die Ausarbeitung und die Detaillierung müssten zwei Kollegen von mir machen – ich kann natürlich unterstützen.*«

Zielprojektion
(Zielbild entsteht)

KAM: »*Was würde aus Ihrer Sicht Unterstützung bedeuten?*«

Zielprojektion
(Zielbild sprechen)

Sales: »*Mein Bild ist, dass die Arbeitsaufträge aus den Workshops und die Vorbereitungsarbeiten sehr eng mit Ihnen und mir rückgekoppelt werden. Ich könnte zwischendurch*

Zielprojektion
(weitere Konkretisierung des Zielbildes)

und auch vorbereitend das eine oder andere Telefonat mit Kundenverantwortlichen führen, um das Engagement und das Commitment zu unterstreichen.«

KAM: *»Aus meiner Sicht macht das sehr viel Sinn. Wenn Sie einverstanden sind, würden die beiden Kollegen an allen Workshop-Terminen teilnehmen.«*

Zielprojektion (Zielbild sprechen)

Sales: *»Macht Sinn.«*

KAM: *»Sind Sie einverstanden, in einer kleinen Nachsession die Arbeitspakete für den ersten Workshop mit den Kollegen und Ihnen zu besprechen? Ich würde das gerne terminieren und gemeinsam Ihre Kollegen einbinden.«*

Driver's Seat ▶ Kapitel 2 (eigene »Flughöhe Wahl« + Commitment absichern)

Sales: *»Alles klar – ich bin einverstanden. Es ist ziemlich stramm, aber in dieser Konstellation wird es möglich sein, die nötigen Kapazitäten für diese Phase des Verkaufsprozesses bereitzustellen. Ich habe ein klares Bild, wie wir das hinkriegen können. Im Übrigen: Die beiden Kollegen werden sicherlich mit hoher Motivation diese interessante Aufgabe übernehmen.«*

Zielprojektion (Zielbild ist zum Ziel geworden)

KAM: *»Vielen Dank für Ihre Unterstützung – und dann auf gute Zusammenarbeit.«*

Driver's Seat ▶ Kapitel 2 (Commitment absichern)

In diesem Gesprächsbeispiel geht es vor allem darum, die Kollegin mit ins Boot zu holen und zu verhindern, dass sie lediglich halbherzig am Projekt teilnimmt. Das geschieht, indem Sie die Sales-Kollegin veranlassen, das Projekt für sich selbst zu durchdenken und ein eigenes Zielbild zu entwickeln. Denn nur, wenn das Ziel für die Verantwortliche attraktiv und erreichbar ist, wird sie es mit Verve verfolgen. Zusätzlich zum Aufbau des Zielbildes wird der Resonanzfaktor bei der gelungenen Zielprojektion dadurch aktiviert, dass Sie als Key-Account-Manager selbst sehr fokussiert, hartnäckig und mit Erfolgszuversicht agieren: Indem Sie dies ausstrahlen, aktivieren Sie eine entsprechende Haltung bei Ihrem Gegenüber. Im Beispiel wird zudem deutlich, wie beide Gesprächspartner sich aus der Rückwärtsbetrachtung heraus *(»Der CIO des Kunden möchte in drei Monaten das abgestimmte Grundkonzept …«)* langsam an die Konkretisierung des Ziels und der dorthin führenden Schritte herantasten und wie durch diese Vorgehensweise das Ressourcen-Thema produktiv gelöst wird.

Wenn Sie sich intensiver mit Führungskommunikation in der Matrix auseinandersetzen wollten, empfehle ich Ihnen einen Artikel meiner Kollegen Tobias Heisig und Alexander Wittwer: »Diener vieler Herren – wie man die Matrix in Gang setzt«.[23]

Auf einen Blick: ZIELPROJEKTION

Definition (Worum es bei dem Tool geht)	• Bei der Zielprojektion stellt sich der Verantwortliche das Ziel möglichst konkret als Ist-Zustand bei Zielerreichung vor und betrachtet die Schritte dorthin und mögliche Hindernisse auf dem Weg von dieser Warte aus. Die Führungskraft unterstützt diesen Prozess durch gezielte Fragen.
Verhalten (Gesprächstechniken und Beispiele)	• Zielbild sprechen (Zielklarheit und Zuversicht erreichen) *»Wie könnte ein positives Ergebnis für uns aussehen?«* *»Woran machen Sie den Erfolg fest?«* *»Lassen Sie uns die Situation vom Ergebnis her betrachten …«* *»Wie hoch ist Ihre gefühlte Zuversicht?«* *»Sie als Experte: Wie ist Ihr Bauchgefühl bei diesem Ziel?«*

- Wie-Haltung verkörpern (»Wie! sprechen«)
  »Wie müssten wir aus Ihrer Sicht vorgehen, damit es funktioniert?
  »Wie lässt sich dieses Risiko minimieren?«
  »Ich bin sicher, wir finden eine Lösung!«
- »Delta Plus« sprechen (Szenarien entwerfen)
  »Könnte dieses Thema interessant für Sie sein?«
  »Wo würden Sie sich / Ihre Abteilung / Ihre Firma in diesem Szenario sehen?«
  »Wie sehen Sie die Situation – in welche Richtung sollten wir gehen?«

Mindset (Mit welcher Einstellung Sie dieses Tool aktivieren)	• Nachhaltig wirksame Ziele sind selbst generiert. • Ich überprüfe immer, ob ich beim anderen die Klarheit und das »emotionale« Commitment wirklich spüre. • Ich habe die Zielprojektion in Einstellung und Verhalten voll automatisiert.
Resonanz (Ihr Gegenüber wird …)	**fokussiert – zuversichtlich – hartnäckig**

➔ Erfolgsformel
ZIELE: SELBST GENERIERT!

5. EIN ECHTES JA BEKOMMEN: ÜBERZEUGUNGSSOG

Überzeugungssog bedeutet:

In der Argumentation ist Sog wirksamer als Druck. Sie üben nur dann nachhaltig Einfluss aus, wenn Ihr Gegenüber aktiv Ja sagt und sich selbst auf Ihre Position zubewegt. Dazu argumentieren Sie sachlich zwingend, empathisch und unter Berücksichtigung der Situation des anderen.

Einsatzmöglichkeiten:

Überzeugungssituationen in der Führung wie in lateraler Kommunikation, Schnittstellenprobleme, Verhandlungen.

Ihr Nutzen:

- Sie beherrschen ein Fundamentalprinzip der Überzeugung.
- Sie erzielen nachhaltiges Commitment bei Ihrem Gegenüber.
- Sie erhöhen die Wahrscheinlichkeit, dass sich in wichtigen Fragen die richtige Lösung durchsetzt.

»Man lässt sich gewöhnlich lieber durch Gründe überzeugen,
die man selbst gefunden hat, als durch solche,
die andern zu Sinn gekommen sind.«
Blaise Pascal

Wer widerwillig zustimmt, wird Ihnen nicht folgen

Ein Technologiekonzern, der ein breites Spektrum von IT- und Infrastrukturlösungen im Energiebereich bietet, will im Rahmen seiner Wachstumsziele das Cross-Selling-Potenzial der verschiedenen Sparten stärker ausschöpfen. Dazu sollen die Vertriebsabteilungen der Sparten besser kooperieren und potenziell gemeinsame Kunden auch für Angebote der Nachbarabteilungen gewinnen. Ein halbes Jahr nachdem die Geschäftsführung die Parole ausgegeben hat: »Ihr müsst was machen im Cross-Selling!«, zeigt die Zwischenbilanz: Passiert ist – nahezu nichts.

Im Workshop mit Vertriebsvorstand und Leitern der verschiedenen Sparten forschen wir nach den Ursachen. Wie wurde die neue Strategie kommuniziert? Aus Sicht der Führenden sind alle erforderlichen Vorbereitungen getroffen worden: Jede Abteilung hat eine Liste ihrer Kunden und Ansprechpartner angefertigt und diese allen übrigen Abteilungen zur Verfügung gestellt. Außerdem sei neben dem Bonus auf den abteilungsbezogenen Umsatz auch ein Anreizsystem für abteilungsübergreifende Vermittlung geschaffen worden. Bewirkt hat das offenbar nichts.

»Die Leute meinen, es lohnt sich nicht«, »Das Kerngeschäft bei uns läuft sehr gut«, »Es fehlt an Zeit« – die Gründe kommen nach und nach auf den Tisch. Bei allen Abteilungen steht der eigene Verkauf nach wie vor im Vordergrund, sei es, dass die Nachfrage sehr hoch und entsprechend arbeitsintensiv ist, sei es, dass die Nachfrage gerade schwächelt und der Fokus erst recht auf den Umsatzsteigerungen der eigenen Sparte liegt. Außer der Geschäftsführung scheint niemand ernsthaft von dem Cross-Selling-Projekt überzeugt und mit dem Herzen dabei zu sein.

Andrew Carnegie, ein US-Stahlmagnat des 19. Jahrhunderts, wäre nicht überrascht gewesen: »Ein Mann, der überzeugt wird gegen seinen Willen, bleibt seiner Meinung treu im Stillen«, soll er gedichtet haben. Diesen Effekt kennen wir nur zu gut. Selbst für heilige Schwüre kann man sich nichts kaufen, wenn das Gegenüber unter Druck Zugeständnisse macht. Das gilt für pubertierende Teenager, die nach der Gardinenpredigt »bestimmt mehr für Mathe lernen wollen«, genauso wie für Vertriebsmitarbeiter, denen Cross-Selling verordnet wird, ohne dass sie wirklich nachvollziehen können, warum sie dafür Zeit opfern sollen. Überzeugt haben Sie einen anderen erst, wenn der sich tatsächlich auf Ihre Position zubewegt und mit innerer Überzeugung Ja sagt. Weil dieses echte Ja meistens Zeit und eigene Überlegung kostet, gibt man sich im Unternehmen viel zu häufig mit halbherziger, rein formaler Zustimmung zufrieden – und wundert sich hinterher, wenn die Umsetzung stockt. Dass es hapert, ist weder böse Absicht noch Vorsatz, sondern Psychologie. Menschen bewegen sich auf Dauer nur dann, wenn sie es selbst wollen. Fehlt dieser Wille, passiert meistens nichts oder nur wenig.

Die Alternative zum Druck als typischer Anweisungsstrategie heißt »Sog erzeugen«. Ein solcher Überzeugungssog berücksichtigt den Kontext (die Situation) des anderen und veranlasst ihn durch emotionale Empathie und rational zwingende Argumentation dazu, einem Vorhaben tatsächlich zuzustimmen. Im Falle des Konzerns hätte das bedeutet: erstens die Wachstumsstrategie über Cross-Selling intensiv im Team zu verankern (vgl. Kapitel 4 »Zielprojektion«) und zweitens den Abteilungen nicht nur Listen zuzuspielen, sondern in der Diskussion mit den beteiligten Vertriebsteams echte Synergien (benachbarter Abteilungen) zu identifizieren, die die Vertriebsverantwortlichen dann mit echter Überzeugung im Kundengespräch thematisieren.

Im Unternehmensalltag gibt es regelmäßig Situationen, in denen wir einen Kollegen oder Mitarbeiter für ein wichtiges Vorhaben gewinnen wollen. Häufig argumentieren wir dann mit Sachzwängen. Wir machen Druck in der Hoffnung, dass der andere so den Ernst der Lage erkennt und »mitzieht«. Stellen Sie sich beispielsweise vor, Sie möchten einen Kollegen davon überzeugen, sich noch stärker für ein Projekt einzusetzen, Überstunden zu machen und die Angelegenheit generell mit mehr Drive voranzutreiben. Sie haben klare Vorstellungen, die Sie mit Vehemenz äußern, etwa so:

»Sie wissen ja, wie wichtig dieser große Auftrag für uns ist. In der jetzigen Situation haben wir keine andere Wahl, wir müssen diese Aufgabe erfüllen. Ich zähle auf Sie und hoffe, dass Sie mitziehen.«

Die Wirkung auf den Kollegen ist vorhersehbar. Druck erzeugt Gegendruck, er erzeugt Konflikte und Reibungsverluste. Wir mögen es nicht, unter Druck gesetzt zu werden – Sie nicht, ich nicht und der Kollege sehr wahrscheinlich auch nicht. Druck führt dazu, dass der Ansprechpartner sich emotional angegriffen fühlt, reflexhaft abwehrend reagiert und sich nicht wirklich überzeugen lässt. Ablesbar ist dies an resignativen Äußerungen wie z. B.:

»Wenn Sie das so sehen, dann bleibt mir ja keine andere Wahl.«
»Ich finde es ganz schön heftig, wie Sie uns hier unter Druck setzen.«
»Mit einer besseren Planung wäre das ohne Weiteres vermeidbar gewesen.«

Erfolgversprechender ist die Sogstrategie. »Sog« entsteht, wenn die eigene Argumentation sehr genau und zwingend aufgebaut wird. Stellen Sie sich vor, Sie würden wie folgt argumentieren:

»Wir haben ganz kurzfristig die Chance bekommen, durch einen umfangreichen Auftrag einen neuen Kunden mit großem Wachstumspotenzial zu gewinnen. Wenn wir den neuen Auftrag nicht annehmen, werden wir einen Umsatz von ca. 500 000 Euro nicht machen können. Andererseits sehe ich, dass wir in der Tat stark unter Druck stehen und natürlich prüfen müssen, wie wir das gut hinbekommen. Welche Möglichkeiten sehen Sie, dass wir das doch noch schaffen?«

Beim Überzeugungssog nimmt der Sprecher eine entspannte und wertschätzend-kooperative Haltung ein. Die eigene Position wird dem anderen nicht diktiert, sondern als Meinung und als Diskussionsanlass präsentiert. Diese Strategie setzt darauf, den anderen im Verlauf des Gesprächs in einer Kopplung von zwingender Argumentation, ernsthafter Einwandbehandlung und Wertschätzung dazu zu veranlassen, sich aktiv auf den neuen Standpunkt zuzubewegen. Dieser Prozess kostet Zeit – Überzeugung braucht Zeit!

Die Wahrscheinlichkeit ist hoch, dass die Probleme sich bei der ersten Vorgehensweise (Druck) weiter verschärfen, weil der Kollege Ihnen nur halbherzig folgt. Bei der zweiten Vorgehensweise (Sog) wird es dagegen möglich, gemeinsam eine gute Lösung zu erarbeiten, weil der Kollege sich mit höherer Wahrscheinlichkeit aktiv bemüht, alle Möglichkeiten auszuloten, um den zusätzlichen Auftrag doch noch umzusetzen. Abbildung 12 stellt die beiden Strategien schematisch gegenüber.

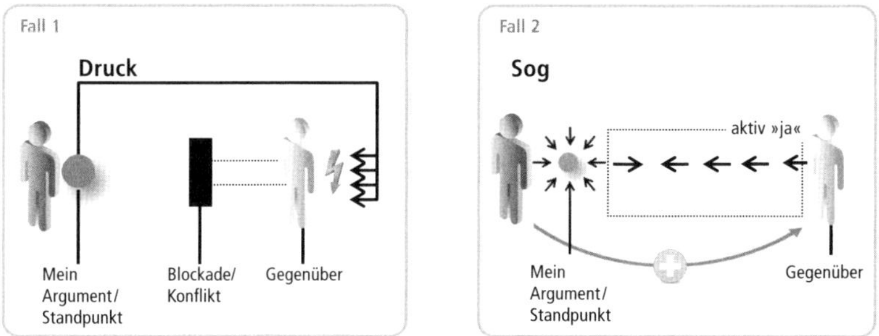

Abb. 12: Druckstrategie und Überzeugungssog

Einfluss heißt: Der andere ist aktiv

Einflussreiche Persönlichkeiten schaffen es, dass andere ihnen freiwillig folgen. Wer anderen seinen Willen aufzwingt, ist nicht einflussreich, sondern bestenfalls mächtig, im Sinne der bekannten Definition des Soziologen Max Weber: »Macht bedeutet jede Chance, innerhalb einer sozialen Beziehung den eigenen Willen auch gegen Widerstreben durchzusetzen, gleichviel worauf diese Chance beruht.«[1]

Anweisungen im Unternehmenskontext basieren auf Hierarchien oder Abhängigkeiten (etwa beim Verhältnis Kunde – Lieferant). Wer sich in der Zusammenarbeit auf seinen Machtvorsprung stützt, riskiert, dass sein Gegenüber ihn nur formal (»widerstrebend«) unterstützt und sich bei nächster Gelegenheit für die empfundene Demütigung revanchiert. Doch im starken Wettbewerb der VUKA-Welt brauchen Unternehmen und Führungskräfte engagierte Mitstreiter, nicht gleichgültige Mitläufer oder frustrierte Aussitzer. Nehmen wir als Beispiel einen typischen Interessenkonflikt zwischen einer Handelskette und einem Lieferanten:

Ein Gartenbaubetrieb beliefert seit Längerem Filialen der Handelskette mit Geranien zu einem Einkaufspreis von 1,75 Euro. Verkauft werden die Pflanzen inzwischen für nur 1,45 Euro. Sie haben richtig gelesen – eine sehr merkwürdige Konstellation, die durch einen nicht wirklich konsequenten Einkäufer in der Vergangenheit gedeckt wurde. Würde der neue Einkäufer sich allein auf die Marktmacht der Handelskette stützen, wäre das Gespräch kurz und schmerzhaft für den Lieferanten: Entweder er senkt den Preis (sagen wir auf 1,05 Euro) – oder er ist raus und der Händler ordert in Holland (für 0,95 Euro). In jedem Fall wäre die Geschäftsbeziehung getrübt.

Der Überzeugungssog setzt darauf, dass sich eine schmerzhafte Lösung auch so verkaufen lässt, dass der andere sie akzeptieren und man gemeinsam zu einem Ergebnis kommen kann. Der neue Einkäufer betrachtet den Lieferanten als einen Partner und versucht, diesem die unternehmerische Realität so nahezubringen, dass sie für ihn akzeptabel wird und er einen Optimierungs- und Rationalisierungsprozess bei sich in Gang setzt. In diesem Falle ist die Rolle des Einkäufers eher die eines Unternehmensberaters. Grundlegend ist hier wie in jedem Gespräch die positive Unterstellung einer Lösungsabsicht auch beim Gegenüber (»Positiver Loop«, siehe Kapitel 1). Im folgenden Gesprächsbeispiel steht EK für den Einkäufer, LF für den Lieferanten.

EK: »Ich möchte heute mit Ihnen über Ihren Geranienpreis sprechen und sicherstellen, dass wir auch in Zukunft positiv zusammenarbeiten können.«

LF: »Ich habe mir schon gedacht, dass es darum geht. Dabei habe ich Ihnen einen wirklich guten Preis gemacht!«

EK: »Ich gehe davon aus, dass wir beide fair miteinander umgehen. Allerdings können wir für Geranien inzwischen nur noch 1,45 Euro erzielen. Mit einem Einkaufspreis von 1,75 Euro verkaufen wir mit Verlust. Bitte haben Sie Verständnis, das ist für uns keine Option für die Zukunft.«

LF: »Aber Sie werden doch verstehen, dass ich auch noch etwas verdienen muss an meinen Pflanzen!«

EK: »Natürlich verstehe ich das. Ich gehe auch davon aus, dass Sie daran interessiert sind, dauerhaft mit uns im Geschäft zu bleiben. Uns jedenfalls liegt daran, dass wir unsere Geschäftsbeziehung weiterführen und eine Lösung finden.«

LF: »Ich weiß nicht, wie das gehen soll. Mehr als 5, 6 Cent Nachlass sind da sicher nicht drin. Ich habe schließlich auch Kosten.«

EK: »Ein holländischer Großhändler bietet uns Pflanzen für 0,95 Euro. Wie sehen Sie das?« [Pause]

LF: »Wie die Holländer das machen, ist mir schleierhaft. Auf jeden Fall werden Sie da kaum die Qualität bekommen, die Sie bei mir einkaufen. Alles wird teurer: Energie, Arbeitskräfte, Logistik. Jetzt auch noch der Mindestlohn. Wie stellen Sie sich das vor?«

EK: »Es ist in der Tat nicht einfach im harten Wettbewerb – auch für uns nicht.« [Pause]

LF: »Ich weiß nicht. Womöglich muss ich dann Leute entlassen. Wollen Sie das?«

EK: »Immerhin bieten wir Ihnen eine stabile Geschäftsbeziehung und eine hohe Mengenabnahme. Vielleicht kalkulieren Sie das für sich noch einmal durch.«

LF: »Da muss ich mir wirklich Gedanken machen. Was bleibt mir übrig?«

EK: »Mir ist es wichtig, dass wir uns aufeinander zubewegen und Sie tatsächlich mit der Vereinbarung leben können. Deswegen sind wir ja auch bereit, Ihnen mehr zu zahlen als für Importware.«

LF: »Mmh. Trotzdem bleibt das hart. Ich melde mich bis übermorgen mit einem Vorschlag bei Ihnen.«

EK: »In Ordnung.«

Im Beispiel bleibt der Einkäufer konstant freundlich, aber hart in der Sache. Er setzt auf die Macht des Faktischen (»Realitätsanker«, vgl. Kapitel 2) und auf die konstruktive Unterstellung des Positiven Loops. In diesem realen Fall stellte der Lieferant die Produktion von Geranien schließlich ein und konzentrierte sich auf ertragreichere Pflanzen, mit denen er die Handelskette bis heute beliefert. Was Kenner des Einzelhandels angesichts der zum Teil rauen Sitten dort erstaunen mag, hat sich tatsächlich so ereignet und begründete eine faire und langfristige Geschäftsbeziehung.

Wenn Sie es zulassen, dass ein Gespräch eskaliert und in einen emotional geführten Streit kippt, büßen Sie 50 Prozent Ihrer Wirkung ein. Erfolg werden Sie nur haben, wenn der andere Ihre Lösung »kauft« und sie für sich akzeptieren kann, so unerfreulich sie auch sein mag. Selbst wenn die Geschäftsbeziehung aufgrund unterschiedlicher Preisvorstellungen enden sollte, ist es für das Unternehmensimage und für mögliche zukünftige Geschäftsbeziehungen von Vorteil, wenn man auf faire Weise auseinandergeht. Das gilt übrigens nicht nur für Lieferanten, sondern auch für ausscheidende Mitarbeiterinnen und Mitarbeiter oder Kollegen.

Wirksame Gesprächstechniken

Beim Überzeugungssog geht es darum, ein echtes und damit nachhaltiges Ja vom Gegenüber zu bekommen – statt halbherzige Lippenbekenntnisse und in der Praxis oft wirkungslose Zustimmung. Grundlage ist auch hier die eigene Haltung, die von Freundlichkeit geprägt sein sollte, sowie von ehrlichem Bemühen, den anderen ins Boot zu holen. Wer gelassen und ruhig in das Gespräch geht und signalisiert »Ich möchte mich mit Ihnen so lange auseinandersetzen, bis ich Sie wirklich überzeugen konnte«, kann darauf setzen, dass diese Haltung auf das Gegenüber abstrahlt (Resonanz). Der andere fühlt sich weniger angegriffen, agiert ebenfalls gelassener und kompromissbereiter. Dabei bewähren sich die folgenden Gesprächstechniken.

Einwandbehandlung 1: emotional (Verständnis)

Sog statt Druck bauen Sie unter anderem dadurch auf, dass Sie dem anderen ganz gezielt mit positiver Unterstellung begegnen (= Positiver Loop) und ihn auf der *emotionalen* Ebene bestätigen. Sie signalisieren also Verständnis und aktivieren beim anderen Offenheit. Das ist eigentlich naheliegend; schließlich geht Ihr Gegenüber vermutlich nicht aus Bosheit auf Distanz, sondern hat seine eigenen plausiblen Gründe. Die Vermeidung einer emotionalen Konfrontation ermöglicht es Ihnen, die eigenen Argumente wirksamer zu platzieren. Im Gespräch mit dem Geranienlieferanten macht das der Einkäufer zu Gesprächsbeginn wie folgt:

»Natürlich verstehe ich das. Ich gehe auch davon aus, dass Sie daran interessiert sind, dauerhaft mit uns im Geschäft zu bleiben. Uns jedenfalls liegt daran, dass wir unsere Geschäftsbeziehung weiterführen …«
(Einwand LF: »Ich weiß nicht, wie das gehen soll …«)
»Ein holländischer Großhändler bietet uns Pflanzen für 0,95 Euro. Wie sehen Sie das?« [Pause]

Später sagt er dann auf den Einwand des Lieferanten:

»Alles wird teurer … Jetzt auch noch der Mindestlohn …«:
»Es ist in der Tat nicht einfach im harten Wettbewerb – auch für uns nicht.« [Pause]

Dahinter verbirgt sich in beiden Fällen folgendes Gesprächsmuster:

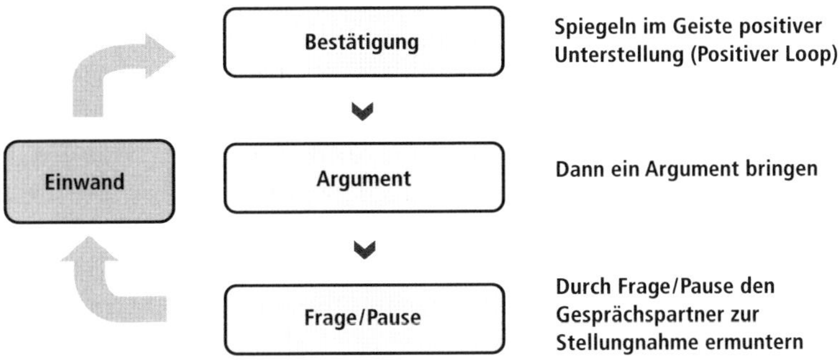

Abb. 13: Systematische Einwandbehandlung (emotional)

Verständnis zu signalisieren kostet Sie nichts, sondern beweist Souveränität. Gleichzeitig trägt es zur emotionalen Abrüstung bei und verhindert, dass das Gespräch in einen unerfreulichen Schlagabtausch abgleitet.

Ein zweites Beispiel: Aufgrund einer kurzfristig einberufenen Vorstandssitzung bitten Sie Ihren Mitarbeiter, bis Ende der Woche eine Präsentation zu erstellen. Der entgegnet:

»Ich verstehe Ihre Situation vollkommen, aber Sie können doch nicht ernsthaft von mir verlangen, eine Arbeit, für die normalerweise zwei Wochen kalkuliert werden, in vier Tagen zu erledigen!«

Wie würden Sie diesen Einwand emotional abfedern? Vorstellbar wäre z. B. folgende Erwiderung:

»Das ist tatsächlich anspruchsvoll und erfordert besondere Anstrengungen. (Bestätigung)
Aktuell räumt uns der Vorstand aber nicht mehr Vorlauf ein. (Argument)
Wir sollten deshalb gemeinsam prüfen, wie das machbar ist.« (Pause)

Einwandbehandlung 2: rational (zwingende Argumentation)

Ein anderer wird sich nur dann von Ihren Argumenten überzeugen lassen, wenn er diese Argumente als sinnvoll anerkennt. Ist das nicht der Fall, verpuffen Ihre Worte. Sog statt Druck erfordert daher, dass die emotionale »Abfederung« von Einwänden durch eine rational zwingende Argumentation begleitet und so eine Überzeugung auf der Sachebene (Zahlen, Daten, Fakten) erreicht wird. Wir haben für diese Technik, die sich auch im Verkauf bewährt, das Kürzel »Otto III« geprägt. (Otto ist eine kleine Merkformel – sie steht für Otto Normalverbraucher. In USA sagen wir Bill, in Frankreich François.) An einer Verkaufssituation lässt sich sehr leicht ablesen, dass Argumente nur dann ziehen, wenn sie im Kontext des Gegenübers (hier: Kunden) »Sinn machen«.

Stellen Sie sich vor, Sie wollen sich ein neues Smartphone kaufen.

- Im ersten Shop sagt Ihnen der Verkäufer: *»Wir haben da über 30 Modelle. Die allerneuesten finden Sie da hinten. Am besten, Sie schauen sich mal um.«* Wenn das die ganze »Beratung« ist, werden Sie das Geschäft vermutlich verärgert verlassen, da Sie zu Recht eine Argumentation vermissen, die auf Ihre Bedürfnisse zugeschnitten ist (= Otto I).

- Im nächsten Laden sagt der Verkäufer: »*Ja, da kann ich Ihnen besonders dieses Modell empfehlen. Es ist brandneu, hat eine sehr gute Kamera, einen großen Speicher und ganz interessante Apps vorinstalliert, z. B. für …*« Wenn diese Punkte für Sie irrelevant sind, wird Sie auch dieser Verkäufer nicht überzeugen. Er hat zwar Argumente gebracht, aber keine, die für Sie/in Ihrer Situation von Nutzen sind (= Otto II).

- Im dritten Shop schließlich erkundigt sich der Verkäufer, ob Sie das Smartphone privat oder geschäftlich nutzen, worauf Sie besonderen Wert legen, ob Sie viel fotografieren usw. Anschließend stellt er Ihnen ein Modell vor, sagt: »*Dann wäre dieses Smartphone eine gute Wahl für Sie, weil …*«, und führt aus, warum das Gerät für Ihre Situation perfekt passt. Die Wahrscheinlichkeit ist hoch, dass Sie sich von seinen Argumenten überzeugen lassen und das Gerät kaufen (= Otto III). Dieser Verkäufer berücksichtigt Ihren persönlichen Kontext, schneidet seine Nutzenargumentation darauf zu und argumentiert daher sehr erfolgreich.

Doch sogar »Otto III« lässt sich noch weiter optimieren:

- Der Verkäufer, der Sie überzeugt hat, notiert sich Ihre Anforderungen und kommt nach 18 Monaten mit einem attraktiven Angebot auf Sie zu, das aufgrund technischer Neuerungen Ihre Wünsche noch besser bedient. Auf diese Weise entsteht eine längerfristige Partnerschaft, bei der die Überzeugungskraft in vertrauensvoller Zusammenarbeit wurzelt (= Otto IV).

Abbildung 14 fasst die verschiedenen Argumentationsformen zusammen.

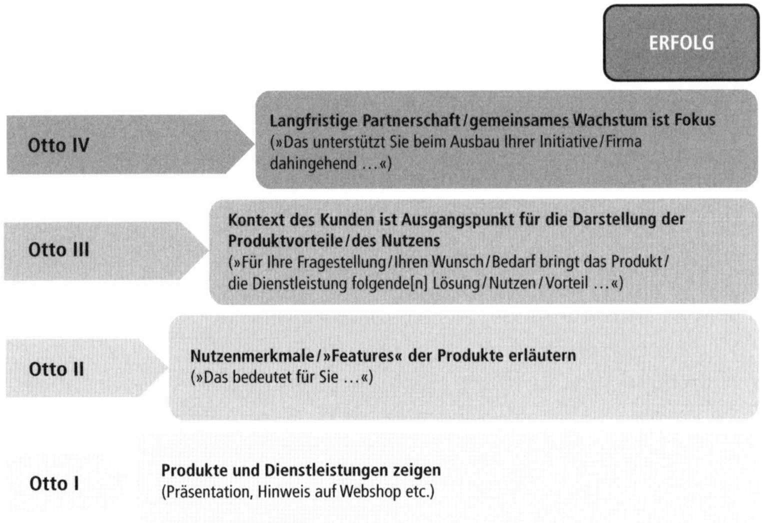

Abb. 14: Wirksame Argumentation berücksichtigt den Kontext des anderen.

Auch in anderen Überzeugungssituationen geht es letztlich darum, ob Ihr Gegenüber Ihre Argumente »kauft«. »Otto III« setzt voraus, dass Sie die Situation des anderen berücksichtigen und Ihre Argumentation darauf abstimmen. Der Einkäufer im Geranienbeispiel tut dies, indem er das zuvor artikulierte Bedürfnis des Lieferanten *»Ich muss etwas verdienen mit meinen Pflanzen!«* wie folgt aufgreift:

> *»Immerhin bieten wir Ihnen eine stabile Geschäftsbeziehung und eine hohe Mengenabnahme. Vielleicht kalkulieren Sie das für sich noch einmal durch.«*

Nehmen wir als zweites Beispiel wieder eine Führungssituation. Ein Mitarbeiter hat interne Vorschriften missachtet, um einen Vorgang zu beschleunigen. Vor einigen Wochen hatte er dieses Prozedere im Teammeeting als Verbesserungsvorschlag eingebracht. Als er jetzt kritisiert wird, sagt er:

> *»Hier kommt man nur vorwärts, wenn man sich genau an die Vorschriften und Anweisungen hält! Wenn man mal einen Verbesserungsvorschlag macht, wird man vertröstet und es passiert überhaupt nichts!«*

Eine Argumentation, die Rücksicht auf diesen Kontext nimmt und gleichzeitig sachlich zwingend ist, könnte so aussehen:

»Ein neues Prozedere ist durchaus erwünscht und Ihr Vorschlag wird gerade geprüft.
Die von Ihnen vorgeschlagene Vorgehensweise bringt nur dann einen Vorteil, wenn alle betroffenen Abteilungen informiert sind. Ihr einseitiges Handeln hat zu zahlreichen Rückfragen und Missverständnissen geführt.
Es hat sich bewährt, Vorschläge zu bündeln und erst dann umzusetzen, wenn alle Betroffenen zugestimmt haben.«

Hinter diesen Ausführungen verbirgt sich folgende Struktur:

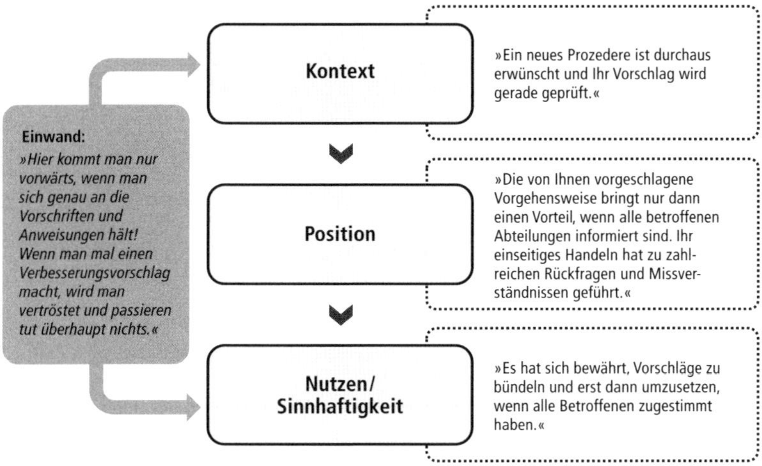

Abb. 15: Systematische Einwandbehandlung (rational/sachlich)

Auf den Kontext des Gegenübers Rücksicht zu nehmen bedeutet, dessen Bedürfnisse, Entscheidungskriterien und die Gesamtsituation zu erkennen und einzubeziehen. Im Beispiel wird außerdem deutlich, dass Realitätsanker bei zwingender Argumentation ebenfalls wirksam werden. Die Realität und die Erklärung der Auswirkungen (Rückfragen und Missverständnisse) helfen dem Mitarbeiter, die Frustration über den Vorwurf zu überwinden, seine Vorgehensweise neu einzuordnen und in Zukunft solche Nebeneffekte auch zu beachten. Autoritär-anweisender Führung ist der Kontext des anderen gleichgültig, zeitgemäße Führung hingegen setzt durch die Einbeziehung der Situation des anderen auf nachhaltige Wirksamkeit. Im Beispiel des Verbesserungsvorschlags geht es zunächst darum, die Initiative des Mitarbeiters anzuerkennen. Wenn Sie die Situation Ihres Gegenübers nicht einschätzen können, fragen Sie am besten offen nach (siehe Kasten »Der Rede wert«). Argumente so zu formulieren, dass sie aus der Perspektive eines Verhandlungspartners sinnhaft und »zwingend« sind, ist der Schlüssel zur wirksamen Beeinflussung anderer. Voraussetzung ist natürlich, dass die von Ihnen vorgeschlagene Lösung tatsächlich sachgerecht ist, anders formuliert: Bei »Otto III« geht es darum, eine *gute* Lösung auch *gut* zu verkaufen (vgl. Abbildung 16).

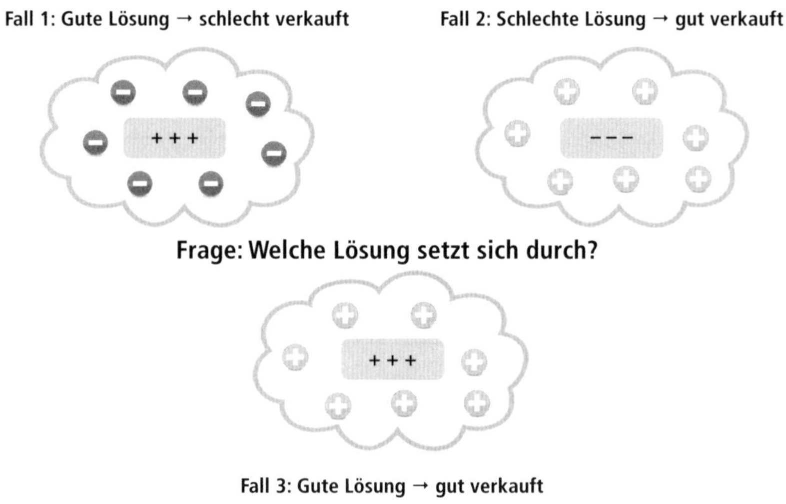

Abb. 16: Gute Lösungen müssen auch gut verkauft werden.

Rationale + emotionale Empathie = Sogwirkung

Der Überzeugungssog, der dafür sorgt, dass der andere sich auf Ihre Position zubewegt, beruht also auf einer Doppelwirkung: Eine verständnisvoll-freundliche Gesprächsführung wird kombiniert mit einer sachlich zwingenden Argumentation. Normalerweise wird es Ihrem

Der Rede wert: Die Werte, Interessen und Bedürfnisse des anderen

Es ist bemerkenswert, wie bereitwillig Gesprächspartner antworten, wenn sie direkt auf ihre Werte und Bedürfnisse angesprochen werden. Damit beweisen Sie echtes Interesse am anderen und schaffen die Voraussetzung für eine gute Beziehung und eine wirksame Argumentation. Nur, wenn Sie die Situation des anderen richtig einschätzen, können Sie in dessen Bezugsrahmen »zwingend« argumentieren. Nützliche Formulierungen in diesem Zusammenhang sind beispielsweise:

- »Was ist Ihnen bei dieser Fragestellung das Wichtigste?«
- »Gibt es eine Fragestellung, die Sie im Moment sehr stark beschäftigt?«
- »Wenn Sie sich eine ideale Lösung vorstellen, wie würde die aussehen?«
- »Würden Sie das schätzen?«
- »Worauf legen Sie Wert?«
- »Was ist Ihnen außerdem wichtig?«
- »Welche aktuellen Geschehnisse sind zu berücksichtigen?«
- »Warum ist Ihnen dieser Aspekt so wichtig?«
- »Ich habe Folgendes verstanden: … Gibt es weitere Punkte?«
- »Was genau möchten Sie damit erreichen?«

Viel zu häufig meinen wir zu wissen, worauf es dem anderen ankommt, und verbauen uns damit mögliche Lösungen. Legendär ist in diesem Zusammenhang das Beispiel vom Streit zweier Schwestern um eine Orange, bei dem sich erst hinterher herausstellt, dass die eine die Schale zum Kuchenbacken, die andere den Saft zum Trinken wollte. Es wird häufig dem »Harvard-Konzept« des Verhandelns zugeschrieben, ist aber viel älter.[2] Auch im Unternehmen gibt es immer wieder Auseinandersetzungen um Standpunkte, ohne dass die zugrunde liegenden Interessen geklärt werden.

Gegenüber schwerfallen, sich einer solchen Einladung zur Kooperation zu entziehen. Voraussetzungen, wirksam Einfluss zu nehmen, sind dabei

- eine klare eigene Haltung,
- eine gute Gesprächsvorbereitung,
- eine tatsächlich sachgerechte Lösung,
- Zeit und Geduld für einen ausführlichen Austausch und vor allem
- die Bereitschaft, sich auf den anderen und seine Position einzulassen.

Nachhaltiger Einfluss basiert also nicht – wie oft fälschlich angenommen – auf Macht oder dominantem Auftreten, sondern auf Empathie, auf der Fähigkeit, die Gefühle und Beweggründe des anderen einzuschätzen und sein eigenes Gesprächsverhalten darauf abzustimmen. Wenn der Überzeugungssog funktioniert, wird sich Ihr Gesprächspartner am Ende für das angenehme Gespräch und die hervorragende Lösung bedanken. Und selbst wenn er Zugeständnisse machen musste, wird er das mit dem Gefühl tun, fair behandelt und nicht etwa über den Tisch gezogen worden zu sein. Hier ein Gesprächsbeispiel, das einen häufigen Einwand im Arbeitsalltag aufgreift:

Einwand	*»Für diese zusätzliche Aufgabe habe ich keine Kapazität, das ist nicht machbar.«*
	⇳
Emotionale Empathie	*»In der Tat haben Sie im Moment sehr viele Aufgaben und stehen ziemlich unter Druck.«*
Rationale Empathie	
• Kontext	*»Aktuell gibt es leider eine kurzfristige Engpass-Situation, die nicht vorhersehbar war.«* [Kontext = Bedürfnis des anderen, nicht mutwillig unter Druck gesetzt zu werden]
• Position	*»Wenn wir nicht innerhalb von drei Tagen die Aufgabe erledigen, gefährden wir weitere große Aufträge.«*

• Nutzen/Sinnhaftigkeit	»*Daher ist es notwendig, dass wir aktiv Wege suchen, die Aufgabe doch noch umzusetzen. Lassen Sie uns gemeinsam überlegen, wie wir Sie an anderen Stellen entlasten können, da Sie gerade für diesen Auftrag unersetzlich sind.*« [Zwingende Schlussfolgerung, die in der Situation des anderen Sinn macht]
Frage/Pause	»*Was meinen Sie? Wie könnten wir vorgehen?*«

Pausen machen

Die Pause gehört zu den wichtigsten Gesprächstechniken überhaupt. Deshalb ist ihr im dritten Kapitel ein längerer Abschnitt gewidmet (vgl. »Die unterschätzte Macht der Pause«). Gerade wenn es darum geht, ein Gegenüber für die eigene Position zu gewinnen, wirkt das Abwarten im richtigen Moment wie ein Sogverstärker. Achten Sie daher darauf, dass es Ihnen tatsächlich gelingt, Pausen zu setzen und dem Gegenüber Raum für seine Reaktion zu geben.

Eine Pause …

… signalisiert: »Ich höre zu«,
… signalisiert: »Bitte prüfen Sie mein Argument«,
… lässt dem anderen Zeit, das Gehörte zu verarbeiten,
… aktiviert den anderen, zu sprechen,
… unterstützt so den Dialog und die Augenhöhe und
… ist ein Zeichen von Gelassenheit und innerer Stärke.

Dilemma-Kompetenz: Die richtige Flughöhe wählen

»Wir brauchen Sie dringend für ein Coaching, und zwar so schnell wie möglich!« Die Personaldirektorin am Telefon ließ keinen Zweifel daran, dass es brannte im Unternehmen. Was war geschehen? Die Firma befand sich mitten im Relaunch ihres umsatzstärksten Produktes. Ausgerechnet in dieser Situation dachte der Marketingchef über eine Kündigung nach. In der nächsten Woche würde eine Vorstandssitzung stattfinden, auf der die

zukünftige Marketingstrategie beschlossen werden sollte. Der Marketingchef war der Auffassung, dass es ohne TV-Werbung heutzutage nicht mehr gehe, da die Endkunden angesprochen werden müssten und die »Lehmschicht Fachhandel« damit aktiviert werden müsste. Der Vorstand hatte bereits signalisiert, dass er ohne Fernsehen auskommen wolle. Sollte es bei dieser Haltung bleiben, wollte der Marketingleiter »die Brocken hinwerfen«. Wenn die Verantwortlichen nicht verstünden, worauf es heute ankomme, sei er wohl am falschen Ort. Ein klassisches Dilemma, bei dem entweder der Vorstand sein Gesicht verlieren oder der Marketingchef kurzfristig das Unternehmen verlassen würde. Im Coaching erkundigte ich mich nach der Strategie des Marketingchefs. Er bereite eine Präsentation zu den Vorteilen der TV-Werbung vor, teilte er mir mit. Anschließend heiße es dann hopp oder top!

Der bekannte Leadership-Experte Fons Trompenaars hat einmal moniert: »Die alte Generation der Manager ist dazu erzogen worden, die Welt bipolar zu betrachten und eine klare Wahl zu treffen.« In der komplexen Welt von heute komme es aber darauf an, »Gegensätze unter einen Hut« zu bringen.[3] Der Marketingchef ist ein typisches Beispiel für die »alte« Haltung. Ihm fehlte in seiner damaligen Situation der Blick dafür, dass die eigentliche Frage nicht zwangsläufig »Entweder – oder« lauten musste (entweder mit oder ohne TV), sondern dass ein »Sowohl-als-auch« möglich war, sobald man die Fragestellung von einer höheren Warte betrachtete. Was heißt das konkret? Wir entwarfen zusammen eine Präsentation, die nicht mehr unter der provokanten Überschrift »TV-Werbung – ja oder nein?« stand, sondern unter der Überschrift »Optimaler Wirkungsgrad durch Marketing-Mix«. Dabei wurden die verschiedenen Möglichkeiten nebeneinandergestellt und die vermeintlichen Gegensätze konnten integriert werden (vgl. Abbildung 17).

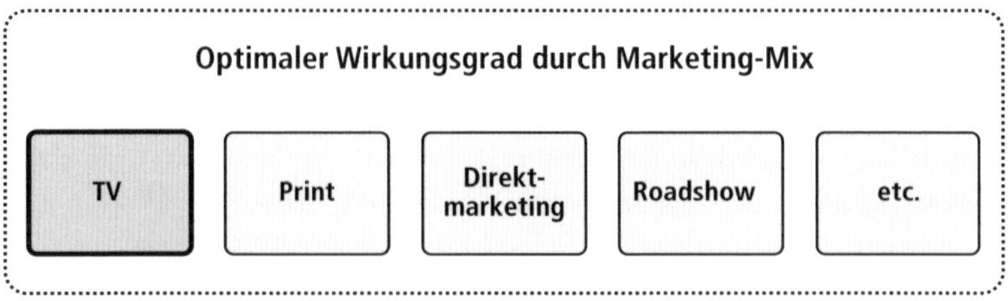

Abb. 17: Beispiel für »Sowohl-als-auch« statt »Entweder-oder«

Anschließend trainierten wir im Coaching »integrative Statements«. Das bedeutet, dass er statt polarisierender Statements *(»Ohne TV geht gar nichts – wie kann man heute überhaupt auf solche Ideen kommen«, »Das ist an der falschen Stelle gespart!«)* positive und lösungsorientierte Statements aus einer angemessenen Flughöhe formulieren sollte *(»Wir müssen im Rahmen des Mixes prüfen, welchen Stellenwert TV haben kann«, »Es wäre schön, wenn wir über die Gruppe der Fachhändler den nötigen Wirkungsgrad bekommen könnten«, »Die Wirksamkeit von TV ist heutzutage bei der angestrebten Zielgruppe bemerkenswert«).*

Der Marketingchef eröffnete seinen Kurzvortrag etwa so:

> *»Ich freue mich, mit Ihnen heute das Thema Marketing-Mix intensiv zu diskutieren und über die Gewichtung der einzelnen Instrumente zu sprechen.«*

Auf diese Weise war die Brüskierung des Vorstandes abgewendet und die TV-Werbung konnte wieder offen diskutiert werden. Die neue Verhandlungsstrategie ist übrigens auch ein Beispiel für Kontext-Sensitivität einer Argumentation (siehe »Wirksame Gesprächstechniken« und dort die rationale Einwandbehandlung). Der Marketingchef respektierte das Bedürfnis des Vorstandes, die bislang bewährten Marketingstrategien ebenfalls ernst zu nehmen. Im weiteren Verlauf der Präsentation stellte er die Vorzüge und Nachteile der jeweiligen Instrumente dar, wobei der TV-Werbung natürlich viele Pluspunkte zugeordnet werden konnten. Das Ergebnis: Der Manager konnte seine Position weitgehend durchsetzen und arbeitet bis heute im Unternehmen.

Mit einer offenen, kooperativen Haltung und zwingender inhaltlicher Argumentation kommt man auch in Konfliktsituationen weiter als mit brachial-dominantem Auftreten, das den Konflikt häufig auf die emotionale Ebene verlagert. In Dilemmasituationen braucht es dazu noch die Fähigkeit, das Problem von einer höheren Warte aus zu betrachten und vermeintliche Gegensätze zu integrieren. Schematisch wird dies in Abbildung 18 verdeutlicht.

Führungskräfte müssen heute mehr denn je die Ansprüche verschiedener Stakeholder erfüllen. Sie müssen das Unternehmen gleichzeitig profitabel, mitarbeiterfreundlich, sozial verantwortlich, die Umwelt respektierend, den Aktionären verpflichtet, kurzfristig erfolgreich und langfristig gut aufgestellt führen. Die Zahl der Dilemmata im Alltag wird daher eher zu- als abnehmen. Der Duden definiert ein Dilemma als »Zwangslage, Situation, in der sich jemand befindet, besonders wenn er zwischen zwei in gleicher Weise schwierigen oder unangenehmen Dingen wählen soll oder muss«. Doch das ist eine verkürzte Sichtweise, die den Blick unnötig verengt. »Dilemma-Kompetenz« meint die Fähigkeit, die Entweder-oder-Scheuklappen abzulegen und nach Integrationsmöglichkeiten auf höherer Ebene zu suchen. Damit sind keine faulen Kompromisse gemeint, sondern ein echter Mehrwert, der sich von einer neuen strategischen Warte ergibt.

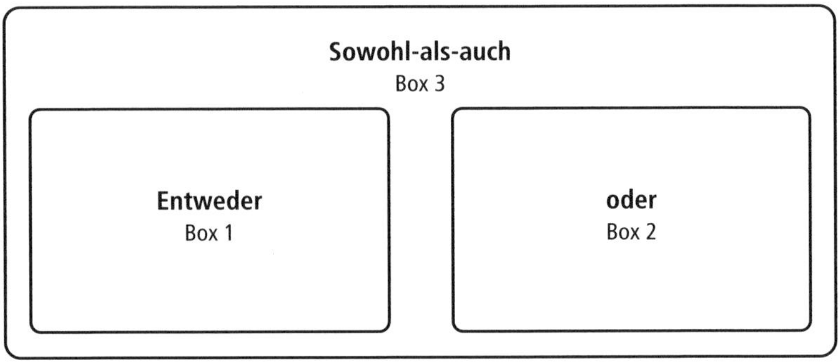

Abb. 18: Dilemma-Kompetenz als Fähigkeit zum »Sowohl-als-auch«

Beispiele für typische Dilemmata und Möglichkeiten ihrer Auflösung:

- *Sollen wir den Service ausweiten oder den Schwerpunkt auf eine Steigerung der Verkaufszahlen legen?* ▶ Beides. Die eigentliche Frage lautet: Wie kann der Service so überzeugend sein, dass dadurch gleichzeitig der Verkauf angekurbelt wird?
- *Sollen wir unseren Marktanteil ausbauen oder die Preise erhöhen?* ▶ Beides! Welche Vorzüge bieten unsere Produkte und unsere Dienstleistung, damit das möglich wird, und wie kommunizieren wir das am besten?
- *Was ist wichtiger: zentrale Standards oder individuelle Lösungen?* ▶ Beides ist gleich wichtig. Wie können die Standards so durchdacht bzw. hilfreich sein, dass sie individuelle Lösungen entweder überflüssig oder einfach machen?

- *Soll der Verkauf neue Produkte platzieren (was erst einmal mühsam ist) oder soll er vor allem kurzfristig den Umsatz steigern?* ▶ Beides! Wie können wir den Verkauf so unterstützen, dass mit den neuen Produkten kurzfristig Umsatz gemacht wird?
- *Wollen wir in der Produktion eher hohe Stückzahlen (wenig Ausschuss) oder strenge Qualitätsmaßstäbe?* ▶ Beides! Wie muss die Produktion technisch und organisatorisch optimiert werden, damit ein hoher Qualitätsstandard unterstützt und erreicht wird?
- *Was ist besser: Zentralisierung oder Dezentralisierung?* ▶ Die Kombination! Wie kann die Verantwortung zwischen der Zentrale und den Filialen so aufgeteilt werden, wie könnten Abläufe so organisiert werden, dass beide Seiten profitieren?
- *Bestimmte Ziele sind von der Geschäftsleitung vorgegeben. Wie kann man da von »kooperativer Führung« sprechen?* ▶ Kooperative Führung besteht in diesen Bereichen darin, im vorgegebenen Rahmen gemeinsam die beste Umsetzung anzustreben.

»Beides« oder »Wie!« sind Schlüsselbegriffe, wenn es um die Überwindung von (vermeintlichen) Gegensätzen zwischen Alternativen geht. Die Beispielliste illustriert, dass Dilemma-Kompetenz dazu befähigt, neue, zielführendere Fragen zu stellen und das Unternehmen für ein wettbewerbsintensives Umfeld zu rüsten. Dazu ist es vor allem erforderlich, eingefahrene Denkgleise zu verlassen: Nur selten, wenn man Sie vor die Wahl eines »Entweder – oder« stellt, haben Sie tatsächlich nur diese eine Wahl. Es lohnt sich immer, erst einmal einen Schritt zurückzutreten und sich das Szenario aus der Vogelperspektive anzuschauen.

Bei der Suche nach einer Integrationsmöglichkeit – der »dritten Box« in Abbildung 18 – ist folgende Vorgehensweise hilfreich:

1. Die Gegensätze bewusst suchen und klar formulieren.
2. Die Gegensätze nebeneinanderstellen.
3. Von einer höheren Warte aus die Situation betrachten und den Rahmen erweitern, z.B.:
   a) prüfen, wie der eine Pol zur Verwirklichung des anderen beitragen kann und umgekehrt (Beispiele: »Service ⇔ Mehr verkaufen« oder »Zentralisierung ⇔ Dezentralisierung«),

b) prüfen, wie eine übergeordnete Strategie die beiden Pole vereinen kann (Beispiel: »TV-Werbung ⇔ Klassisches Marketing« = Marketing-Mix),
c) prüfen, wie bestimmte Maßnahmen eine Integration beider Pole erlauben (Beispiele: »Neue Produkte ⇔ Kurzfristige Umsatzsteigerung« oder »Hohe Stückzahlen ⇔ Hohe Qualität«),
d) prüfen, wie beide Pole auf gemeinsame akzeptierte Grundprinzipien oder Werte zurückzuführen sind (Beispiel: »Preissenkung Lieferant ohne Mehrabnahme des Einkäufers« ⇨ Prinzip der fairen Zusammenarbeit unter Berücksichtigung der Marktsituation).

Es wäre vermessen zu behaupten, es gebe immer und in jedem Fall eine »gute« Lösung. Es gibt sie jedoch öfter, als viele Führungskräfte glauben. Auch Wertekonflikte, beispielsweise im Zusammenhang mit Personalabbau, lassen sich so entschärfen. Das Magazin *Brand eins* veröffentlichte 2015 eine Umfrage, nach der erschreckende 55 Prozent des mittleren Managements in mittelgroßen Unternehmen gegen ihre Wertvorstellungen verstoßen, um Vorgaben umzusetzen. In Großunternehmen (hier definiert durch mehr als 250 Mitarbeitende) waren es sogar 61 Prozent. Prototypisch wurde das Beispiel einer Führungskraft zitiert, die nach der Übernahme des Unternehmens sieben von zehn ihrer Mitarbeiter entlassen musste und dadurch keine Möglichkeit mehr sah, das bisher vertrauensvolle Verhältnis im Team zu bewahren.[4] Ist das wirklich so? Sind »Vertrauen« und »Entlassungen« tatsächlich zwei Boxen, die durch keinen übergeordneten Rahmen zu integrieren sind? Oder hätte der betroffene Manager durch frühe Information und engagierte Hilfestellung (Nutzen des eigenen Netzwerkes, Empfehlungen, Zwischenzeugnisse schreiben) nicht doch einen fairen Trennungsprozess umsetzen können? Im vorliegenden Fall taktierte und verheimlichte der Manager und enttäuschte so Gekündigte wie auch die Mitarbeitenden, die ihre Stelle behielten.

Dilemma-Kompetenz ist die Fähigkeit, auch unter derart komplexen und widersprüchlichen Bedingungen eine Lösung höherer Ordnung zu entwickeln, hinter der man persönlich stehen kann. Das ist nicht einfach, zählt aber zu den Fähigkeiten, die Führungsverantwortung überhaupt erst legitimiert. Wer Dilemma-Kompetenz besitzt, vermag ausgewogene Problemlösungen zu entwickeln und diese selbstbewusst zu vertreten. Und das wiederum stärkt seine Souveränität, seine Überzeugungskraft und seinen Einfluss, kurz: Es macht Leadership aus!

PRAXISBEISPIEL:
Einkäufer und Lieferant – Verhandlungsführung mit verschiedenen Härtegraden

Wir verhandeln im Grunde genommen jeden Tag, oft schon am Frühstückstisch (»Darf ich heute nach der Schule mit zu …?« »Wollen wir im Urlaub nicht mal wieder an die See?«). Im Unternehmen, in Meetings, in Zweiergesprächen, mit Mitarbeitenden, Kollegen, Dienstleistern, Vorgesetzten, setzt sich das fort: Immer, wenn unterschiedliche Interessen aufeinanderstoßen, vertritt man die eigene Position am überzeugendsten, wenn man auf die Sogwirkung gut durchdachter und freundlich präsentierter Argumente setzt.

Neben den zahlreichen »informellen« Verhandlungen gibt es die formellen Gespräche, in denen Grundsätzliches geklärt wird und auf die man sich gründlich vorbereiten kann – und sollte! Je nach Stärke der eigenen Position und nach eigener Interessenlage wird man hier entschiedener oder konzilianter auftreten. Wenn man ein alternatives Stellenangebot hat, führt man eine Gehaltsverhandlung anders als ohne Alternative. Und wer als Einkäufer einen Lieferanten problemlos ersetzen kann, wird mit ihm anders verhandeln als mit einem vorerst unersetzlichen Geschäftspartner. Was in allen Verhandlungsformen gleich bleibt, ist die Verbindung von Freundlichkeit zum Gegenüber und Konsequenz in der Sache. Ich nenne diesen Stil, der Ihre Souveränität unterstreicht und das Gegenüber am ehesten veranlasst, sich ebenfalls konstruktiv zu verhalten, »fair-hart«.

Um den Blick für die Möglichkeiten innerhalb einer konkreten Verhandlungssituation zu schärfen, unterscheide ich drei »Härtegrade« von Verhandlungen:

- **Härtegrad 1:** Sie wollen ein klares Ziel so weit als möglich durchsetzen, sind aber aufgrund der Gesamtsituation kompromissbereit. Ein Erfolg wäre, wenn Sie Ihr Ziel zu mindestens 75 Prozent erreichen.
- **Härtegrad 2:** Sie wollen ein klares Ziel durchsetzen und sind allenfalls zu geringen Zugeständnissen bereit. Sie nehmen in Kauf, dass der Gesprächspartner emotional reagiert.
- **Härtegrad 3:** Sie wollen ein klares Ziel ohne Zugeständnisse durchsetzen und sind auch zu einem Abbruch der Verhandlung bereit, wenn Ihr Gegenüber nicht einlenken sollte.

Sie werden umso erfolgreicher verhandeln, je klarer Sie sich im Vorfeld des Gesprächs über Ihre eigene Ausgangssituation und Ihr Verhandlungsziel sind. Je mehr Sie selbst auf eine Einigung angewiesen sind, desto weniger hart werden Sie vermutlich pokern. Dennoch werden Sie auch bei einer schwächeren Ausgangsposition mehr erreichen, wenn Sie auf der Basis einer durchdachten Vorbereitung souverän auftreten. Sie erhöhen Ihre eigene Wirkung, weil Ihr Gegenüber spürt: Sie vertreten eine bestimmte Linie und sind nicht so schnell aus der Ruhe zu bringen. Eine gute Einstimmung auf eine Verhandlung umfasst dabei die präzise Vorbereitung der folgenden Punkte:

- **Sachliche Klarheit:** Kenntnis der Situation, Klarheit des Ziels, Abschätzen der Position / Argumente des Gegenübers.
- **Verhaltenstechniken:** Wirksame Formulierungen und Techniken beherrschen (siehe den Abschnitt weiter oben in diesem Kapitel) und die Führung der Verhandlung durch eine klare Themensetzung, gezielte Fragen und Zusammenfassungen übernehmen.
- **Entschlossenheit:** Bereitschaft, die eigene Strategie mit Konsequenz und im Driver's Seat zu verfolgen.

Mit anderen Worten: Eine perfekte Vorbereitung auf eine Verhandlung umfasst sowohl die Zielebene (in Abbildung 19 ist das die Ebene 1) als auch die Ebene der Formulierungen und Verhaltenstechniken (Ebene 2) und schließlich auch das passende Mindset (Entschlossenheit, Ebene 3):

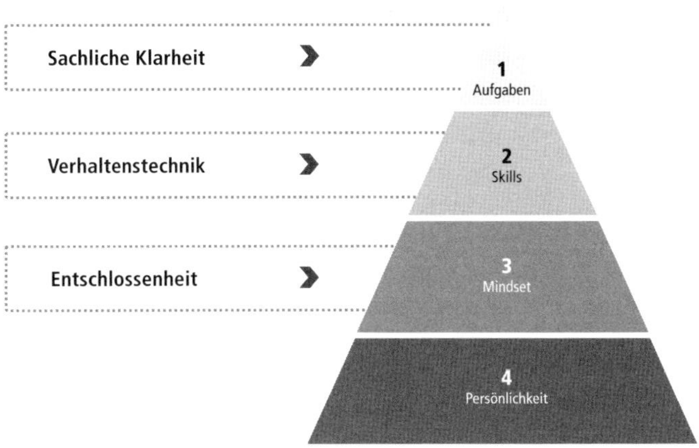

Abb. 19: Drei Ebenen der Vorbereitung für eine Verhandlung

Am Beispiel einer Verhandlung von Einkäufer und Lieferanten, in der es um die angestrebte Senkung des Einkaufspreises geht, lassen sich die verschiedenen Härtegrade beispielhaft deutlich machen. Die folgende Gegenüberstellung beschränkt sich der Übersichtlichkeit halber auf die Äußerungen des Einkäufers und stellt die verschiedenen Gesprächsvarianten schematisch nebeneinander.

Beispiel: Einkäufer verhandelt mit Lieferanten über eine Preisreduktion

	Härtegrad 1 (Kompromissbereit)	Härtegrad 2 (Geringe Zugeständnisse)	Härtegrad 3 (Keine Kompromisse)
Situationsdefinition ▶ Kapitel 6 (Überschrift des Gesprächs formulieren)	*»Ich möchte mit Ihnen die Situation des nächsten Jahres besprechen und erreichen, dass wir eine tragfähige Lösung erzielen können.«*	*»Thema heute ist, Ihnen noch einmal genau aufzuzeigen, dass eine Reduktion des Einkaufspreises für uns unausweichlich ist.«*	*»Wir möchten heute mit Ihnen letztmalig versuchen, die drohende Auslistung abzuwenden. Leider gibt es keine Spielräume. Ich hoffe daher, dass wir einen Durchbruch erzielen.«*
	»Sind Sie bereit, das Thema so anzugehen?«	*»Einverstanden?«*	*»Ist das für Sie nachvollziehbar?«*
Realitätsanker ▶ Kapitel 3 (Kommunikation der Realität)	*»Tatsache ist: Die Margensituation wie auch der Absatz Ihrer Produkte haben sich ungünstig entwickelt.«*	*»Die Realität zeigt, dass die für uns notwendigen Margen aktuell nur noch möglich sind, wenn sich der Einkaufspreis reduziert.«*	*»Die Situation ist so, dass wir keinerlei Spielräume in der Konditionengestaltung haben.«*
Überzeugungssog (rational) Kontext	*»Welchen Stellenwert hat unsere Handelskette in Ihrer Firmenstrategie?«*	*»Wir gehen davon aus, dass Sie langfristig mit unserer Handelskette zusammenarbeiten wollen.«*	---

+ Position	*»Um Ihre Ziele zu unterstützen, ist es unerlässlich, den Einkaufspreis so zu senken, dass wir auch beim derzeitigen reduzierten Absatz ausreichend Marge erzielen.*	*»Wir hoffen daher, dass Sie Verständnis für die Situation haben. Unser Vorschlag für eine Senkung des Einkaufspreises liegt bei …«*	*»Wir sind sehr interessiert, mit Ihnen weiter im Geschäft zu bleiben, müssen aber die Reduktion des Einkaufspreises um x % verlangen.*
+ Nutzen / Sinnhaftigkeit	*Wir schlagen daher eine Reduktion um x % vor.«*		*Wir bitten Sie, intensiv zu prüfen, ob dies im Rahmen Ihrer Strategie möglich ist, und uns innerhalb der nächsten drei Tage ein klares Ja oder Nein mitzuteilen.«*
Überzeugungssog / Einwandbehandlung (emotional) Bestätigung [bei 1 u. 2]	*»In der Tat ist dies nicht einfach.*	*»Ich kann nachvollziehen, dass diese Forderung für Sie nicht einfach umzusetzen ist.*	---
+ Argument	*Wenn Sie allerdings Pro und Kontra abwägen, werden die Vorteile für Sie weiterhin überwiegen.*	*Leider haben wir keine Spielräume. Wir sind aber sicher, dass in der Summe die Situation für Sie als Lieferant nach wie vor positiv ist.«*	*»Angesichts der Wettbewerbs- und Margensituation sind wir auf Partner angewiesen, die mit uns schwierige Situationen konstruktiv angehen.*

+ Frage oder Pause	*Was meinen Sie?«*	[Pause]	*Bitte klären Sie intern, ob Sie auf unsere Vorschläge eingehen oder ob wir an einer Entflechtung und Beendigung unserer Geschäftsbeziehung arbeiten müssen.«*
Überzeugungssog / Einwandbehandlung (rational / Nutzen)	*»Wir haben eine bundesweit sehr hohe Marktpräsenz und ein ausgezeichnetes Image beim Verbraucher – das kommt Ihnen sehr zugute.«*	*»Der Nutzen für Ihre Firma liegt klar auf der Hand: langfristige Präsenz in all unseren Verkaufsstellen bundesweit.«*	*»Unsere hohe Marktpräsenz ist Ihnen ja bewusst. Wenn der Nutzen für Sie nicht auf der Hand liegt, macht es eher wenig Sinn, jetzt weiter zu verhandeln.«*
Driver's Seat ▶ Kapitel 2 (Vorschläge erfragen, Commitment absichern)	*»Wie könnte eine Lösung für Sie aussehen? … Wir sollten uns sehr zeitnah auf diese Vorgehensweise verständigen: … Dann halten wir also fest…«*	*»Wir haben die nächsten Schritte definiert, die uns der vorgeschlagenen Lösung näher bringen. Wir gehen nun vor wie folgt: …. Bis wann können Sie uns eine definitive Zusage geben?«*	*»Ich denke, wir haben alle wichtigen Dinge definieren können. Die Vereinbarung sieht aus wie folgt: … Bitte teilen Sie uns mit, ob Sie mit uns gehen möchten. Wir benötigen Ihr Okay innerhalb der nächsten drei Tage.«*

Driver's Seat ▶ Kapitel 2 (Commitment absichern)	*»Ich freue mich, dass wir uns so partnerschaftlich einigen konnten!«*	*»Ich bin sehr froh, dass wir am Ende eine für beide Seiten befriedigende Lösung finden konnten.«*	*»Vielen Dank, dass Sie die Entscheidung bis übermorgen herbeiführen werden und wir die nächsten Schritte einleiten können.«*

Die Übersicht macht deutlich: Wirksame Kommunikation driftet weder in einen konfliktscheuen Schmusekurs ab noch setzt sie das Gegenüber durch abwertendes Verhalten, Manipulation oder unfaire Tricks unter Druck. Wenn Sie nachhaltig Ihre Ziele erreichen wollen, ohne dabei Beziehungen zu zerstören und Rachegedanken zu schüren, bleiben Sie am besten fair, formulieren Ihre Interessen eindeutig und signalisieren klar, ob Sie zu Kompromissen bereit sind oder nicht. So erreichen Sie am ehesten, dass auch Ihr Gegenüber nicht »dicht macht«, sondern gesprächsbereit bleibt und sich wie Sie für eine Lösung engagiert – und zwar durch Ihre inhaltlichen Aussagen ebenso wie durch Ihre Haltung, die auf den Gesprächspartner abstrahlt (Resonanz). Abbildung 20 fasst die verschiedenen Kommunikationsstile abschließend zusammen.

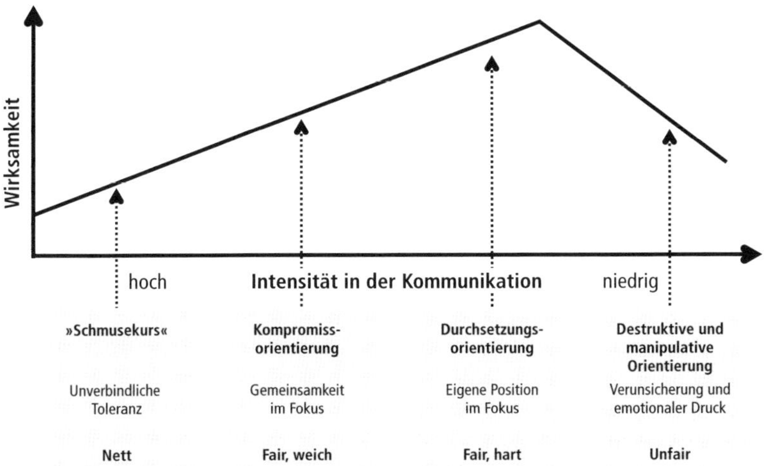

Abb. 20: Wirksame Kommunikation ist weder unverbindlich noch destruktiv.

Auf einen Blick: ÜBERZEUGUNGSSOG

Definition (Worum es bei dem Tool geht)	• Wenn Sie Ihr Gegenüber nachhaltig für ein Vorhaben gewinnen wollen, erreichen Sie das nicht durch Druck. Ein Überzeugungssog entsteht, wenn Sie sachlich zwingend, empathisch und unter Berücksichtigung der Situation des anderen argumentieren.
Verhalten (Gesprächstechniken und Beispiele)	• Einwandbehandlung emotional / Verständnis *»Mir liegt daran, dass wir unsere Geschäftsbeziehung weiterführen.«* *»Es ist in der Tat nicht einfach im harten Wettbewerb.«* *»Das ist tatsächlich anspruchsvoll und erfordert besondere Anstrengungen.«* • Einwandbehandlung rational / zwingende Argumentation *»Die von Ihnen vorgeschlagene Vorgehensweise bringt nur dann einen Vorteil, wenn alle betroffenen Abteilungen informiert sind.«* *»Wenn wir nicht innerhalb von drei Tagen liefern, gefährden wir ein großes Projektbudget, das uns über mehrere Jahre Aufträge verschafft …«* • Pause nach eigener Argumentation *(demonstriert Gelassenheit; aktiviert den anderen, sich zu äußern)* • Wertefragen *»Worauf legen Sie Wert?«* *»Warum ist Ihnen dieser Aspekt so wichtig?«* *»Was genau möchten Sie erreichen?«*

Mindset (Mit welcher Einstellung Sie dieses Tool aktivieren)	• Echtes Überzeugen – und nicht Überreden – erfordert Zeit und Geduld. • Ich achte sehr genau darauf, ob mein Gesprächspartner aktiv ist und den vorgeschlagenen Weg tatsächlich mitgeht. • Der Überzeugungssog hat dann funktioniert, wenn mein Gesprächspartner das Ergebnis als Ausdruck seiner eigenen Entscheidung wertet. • Die Erfolgschancen sind höher, wenn ich eigene Redeanteile begrenze und in der Argumentation die Bedürfnisse und den Kontext des anderen berücksichtige.
Resonanz (Ihr Gegenüber wird …)	**gesprächsbereit – engagiert – lösungsorientiert**

➔ **Erfolgsformel**
ÜBERZEUGUNG: PARTNER AKTIV!

6. AKTIVIEREN & ERGEBNISSE ERZIELEN: MASTERPLAN FÜR ZEITGEMÄSSE FÜHRUNG

Masterplan bedeutet:
Sie beherrschen eine Gesprächsstruktur, mit der Sie Mitarbeitende und andere Kooperationspartner zu eigenverantwortlichem, zielgerichtetem Handeln motivieren. Dabei setzen Sie die verschiedenen Leadership-Tools planvoll ein.

Einsatzmöglichkeiten:
Alle herausfordernden und heiklen Gespräche, ob mit Mitarbeitenden, Kollegen, Kunden oder Führungskräften.

Ihr Nutzen:

- Sie treten souveräner und gelassener auf.
- Sie erhöhen Ihren Wirkungsgrad, da Sie in Ihrem Umfeld eigenverantwortliches Handeln aktivieren.
- Sie haben Einfluss und erreichen Ihre Ziele.

»Die Kunst, Pläne zu machen, besteht darin,
den Schwierigkeiten ihrer Ausführung zuvorzukommen.«
LUC DE CLAPIERS

Souveräne Führungskräfte improvisieren nicht

Wirksame Führung heute geht immer noch weitgehend über persönliche Kommunikation. Beim Managen eines Unternehmens, bei Organisation, Strategie und Planung kann man sich auf Technologie und erprobte Methoden stützen, beim Führen von Menschen bleibt einem am Ende nur das Wort. Deshalb sind wirklich gute Führungskräfte zugleich versierte Kommunikatoren. Doch wie Führungskommunikation gelingt, wird in keinem Studium gelehrt, und was funktioniert, hat sich in den letzten Jahrzehnten stark gewandelt. Der Patriarch der Nachkriegsjahre wäre heute zum Scheitern verurteilt – nicht nur, weil er im Alleingang die Komplexität und Schnelllebigkeit der globalen Wirtschaft nicht auf Dauer überblicken und adäquat darauf reagieren könnte, sondern auch, weil er mit autoritären Anweisungen seine besten Mitarbeiterinnen und Mitarbeiter ziemlich schnell an die Konkurrenz verlieren würde.

Den meisten Führenden ist das sehr wohl bewusst. »Mehr als drei Viertel der (...) Führungskräfte sind davon überzeugt, dass der Standort Deutschland ohne eine grundlegende Änderung in der aktuellen Führungspraxis weit unter seinen Möglichkeiten bleibt«, konstatiert die *Initiative Neue Qualität der Arbeit (INQA)*, in deren Auftrag 400 Führungskräfte ausführlich befragt wurden, darunter rund 250 der ersten und zweiten Ebene (Vorstände und Bereichsleiter). Eher ratlos scheint man indes bei der Umsetzung einer neuen Führungskultur: »Die Schere zwischen Führungspraxis und Führungsanforderungen öffnet sich seit Jahren immer stärker«, so das Fazit der INQA. Kommunikation ist auf jeden Fall der Schlüssel zum Erfolg, denn: »Mächtig ist nur, was auf Resonanz trifft.«[1] Dazu passen die Ergebnisse einer Führungsstudie der *Hochschule RheinMain*. Von den hier befragten Führungskräften und Personalfachleuten nannten zwei Drittel »offene Kommunikation« als wichtigste Erwartung an Führungskräfte. Doch zugleich sind

Defizite bei dieser Art der Kommunikation auch der häufigste Mangel, der Führungskräften attestiert wird.[2]

Die Erfahrung unzähliger Trainings und Beratungsprojekte über alle Branchen hinweg hat gezeigt: Führungskräfte sind in der Regel sehr kompetent, Kommunikationstechniken in »normalen« Situationen anzuwenden. Zur Vorgehensweise bei schwierigen Mitarbeitergesprächen jedoch besitzen viele kein klares Bild und keine klare innere Struktur. Darüber hinaus ist ein gutes Feeling für die emotionale Dynamik im Gesprächsverlauf wichtig. Diese Dynamik im Gespräch auszulösen und so das Gegenüber zu einem echten Dialog zu veranlassen, der wiederum in nachhaltiges Commitment mündet, das ist Ziel des nun vorgestellten Masterplans. In einem Satz: Es geht um wirksame Führung statt Improvisation. Mancher mag eine solche Vorausplanung von Gesprächen als starr empfinden. Doch »Gegner der Planung sind Freunde des Zufalls«, wie der populäre Politiker Manfred Rommel einmal sagte.[3] Und für das Vertrauen auf den Zufallserfolg sind die Herausforderungen im Unternehmensalltag heute einfach zu groß.

Der Masterplan für zeitgemäße Führung

Bislang also ist das Unbehagen angesichts gegenwärtiger Führungspraktiken weitgehend gepaart mit Unsicherheit darüber, was an ihre Stelle treten soll. Die in diesem Buch vorgestellten Leadership-Tools füllen diese Lücke. Sie sind ein Angebot für zeitgemäße Führung: empathisch, auf Augenhöhe, die Eigenverantwortung des Gegenübers voraussetzend und gleichzeitig die anspruchsvollen Ziele und dynamischen Bedingungen der VUKA-Welt im Blick behaltend. Die Wirkung der Leadership-Tools im Einzelnen:

- Der **Positive Loop** als Kommunikationsbasis schafft eine auf Vertrauen und Zutrauen gründende Führungs- und Kooperationskultur, die im Respekt vor dem Gegenüber und seiner Persönlichkeit wurzelt.
- Der **Realitätsanker** ersetzt überkommene Anweisungen durch sachliche Herausforderungen. Was zu tun ist, ergibt sich aus

der Macht des Faktischen, nicht aus den Erwartungen und Ansprüchen einer Führungskraft.

- Der **Überzeugungssog** vermeidet die Ausübung von autoritärem Druck durch die Sogwirkung emotionaler und rationaler Empathie – durch eine verständnisvolle, den Kontext des Gegenübers berücksichtigende und gleichzeitig sachlich zwingende Argumentation.
- Die **Zielprojektion** macht Ernst mit der handlungsleitenden Kraft selbst erzeugter Ziele. An die Stelle rein formaler oder taktisch motivierter Zielvereinbarungen tritt die Selbststeuerung des Einzelnen auf der Basis selbst generierter und gedanklich konkretisierter Zielmarken (»Feel the Future«).
- Der **Driver's Seat** setzt die Eigenverantwortung des Gegenübers voraus und aktiviert sie gleichzeitig. Das entspricht nicht nur den Ansprüchen qualifizierter Mitarbeiterinnen und Mitarbeiter, sondern auch den Anforderungen eines komplexen und nur bedingt vorhersehbaren wirtschaftlichen Umfeldes.
- Der **Masterplan** schließlich bringt diese Leadership-Tools in eine wirkungsvolle Gesprächsstruktur, die für nachhaltige Ergebnisse und mehr Leistung im Team sorgt.

Diese Leadership-Tools sind eigentlich nicht kompliziert – doch unsere Gewohnheiten, über Jahre, vielleicht Jahrzehnte praktizierte Verhaltensweisen, können sich als mächtige Gegner erweisen. Im Folgenden werden die verschiedenen Instrumente aktivierender Kommunikation daher noch einmal im Zusammenspiel gezeigt und an eine Folge von Gesprächsschritten gekoppelt, die sich aus der Kernidee eines gleichermaßen fairen wie zielorientierten Dialogs zwingend ergibt. Damit haben Sie einen Masterplan für herausfordernde Gesprächssituationen, der Ihnen mehr Gelassenheit und Souveränität verleiht.

Gesprächsphasen und Leadership-Tools

Auch heikle und schwierige Gespräche gelingen in Zukunft, wenn Sie die Kommunikation mit Ihrem Gegenüber gedanklich in fünf Phasen strukturieren, wie in Abbildung 21 dargestellt. Ziel dieser Struktur ist,

1. dass Sie das Heft des Handelns zu jeder Zeit in der Hand behalten, das Gespräch also im Wortsinne »führen«, und
2. dass Sie mit der Aktivierung Ihres Gegenübers in einen echten Dialog treten, an dessen Ende nachhaltige Lösungen stehen.

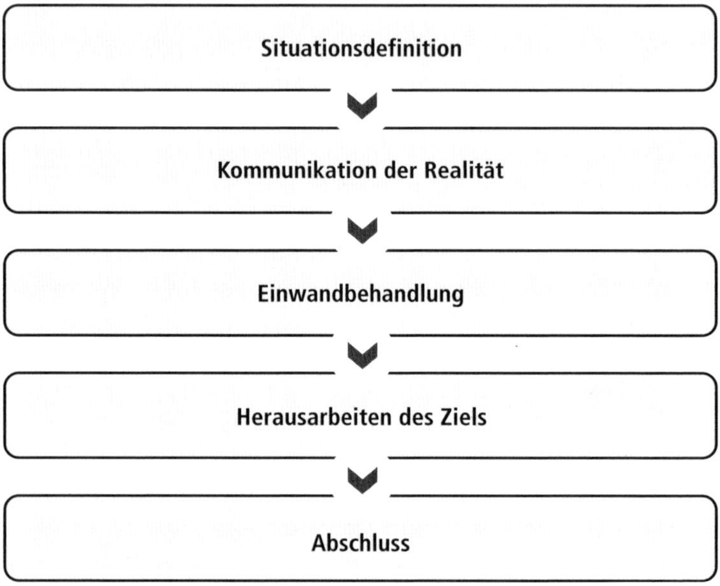

Abb. 21: Masterplan – Gesprächsphasen

1. Situationsdefinition ⇨ Ja zum Thema abholen (▶ Tool Masterplan)

Wer auf Augenhöhe in einen Dialog eintreten will, muss sich mit seinem Gegenüber zunächst einmal einig sein, worum es im Gespräch gehen soll. Die entscheidende Weiche für ein erfolgreiches Gespräch wird daher schon in den ersten Sätzen gestellt. Nach Begrüßung und Warm-up (»Danke, dass Sie gekommen sind« o.ä.) beantwortet die Situationsdefinition die Frage: »Worum soll es in diesem Gespräch gehen?« Das klingt so selbstverständlich, dass es kaum der Rede wert scheint. Doch die Praxis sieht anders aus. Wenn man nach einem Gespräch das Gefühl hat, aneinander vorbeigeredet oder ergebnislos auf der Stelle getreten zu haben, liegt das häufig an mangelnder Klarheit gleich zu Beginn. Eine eindeutige Themensetzung, etwa beim Thema Leistungsmängel, könnte so formuliert sein:

> *»Wir treffen uns heute aufgrund der Situation beim Kunden letzte Woche und wegen Ihrer Statements in der letzten Teamsitzung. Thema ist Veränderung in zwei Bereichen:*
>
> 1. *Ihr Commitment auf die aktuellen Aufgaben,*
> 2. *Ihr Verhalten im Team.*
>
> *Wir müssen sehr offen sein. Ich bin überhaupt nicht erfreut über das, was passiert ist, und Veränderung ist wirklich angezeigt. Können wir über dieses Thema heute sprechen?«*

Eine Situationsdefinition sollte kurz und unmissverständlich sein und mit einer Absicherungsfrage enden, die beim anderen die ausdrückliche Anerkennung der Themensetzung sicherstellt. Gerade wenn es um Einstellungen oder Motivationsfragen geht, also um tiefere Schichten im kommunikativen »Eisberg«, driften Gesprächspartner gern auf die Sachebene ab – im obigen Beispiel etwa mit Erwiderungen wie *»Der Kunde ist als schwierig bekannt!«* oder *»Bei uns im Team läuft es doch bestens; ich habe keine Klagen gehört«*. In solchen Fällen empfiehlt es sich, eine weitere Schleife zu drehen, so lange, bis das Thema wirklich eindeutig gesetzt ist. Andernfalls entgleitet Ihnen das Gespräch und Sie reden plötzlich nur noch über den Kunden XY oder die Feedbackkultur im Team:

> *»Es geht nicht um den Kunden oder die Stimmung im Team, sondern um das von Ihnen gezeigte Verhalten. Darüber möchte ich mit Ihnen sprechen. Können wir das heute tun?«*

Eine eindeutige Situationsdefinition setzt natürlich voraus, dass Sie sich selbst im Klaren über das Gesprächsthema sind. Welche Überschrift würden Sie dem Gespräch geben? Am besten formulieren Sie im Rahmen Ihrer Vorbereitung eine präzise Headline und notieren diese schriftlich. Das hilft Ihnen, konsequent bei der Sache zu bleiben und Ihr Gegenüber notfalls wieder »einzufangen«. Auch für weniger konfliktträchtige Gespräche gilt: Nur eigene innere Klarheit befähigt zu einer klaren Gesprächsführung und führt damit zu klaren Ergebnissen. Die Ansprache des Gegenübers muss dabei auf die Situation abgestimmt sein. Soll ein Top-Performer mit weiteren Aufgaben betraut werden, könnte sich das so anhören:

> *»Ich möchte heute gerne mit Ihnen über ein sehr spannendes Projekt sprechen, das für Sie interessante Entwicklungen eröffnen könnte. Für unsere Firma ist das Projekt sehr wichtig, wir sollten also sehr offen und direkt alle Pros und Kontras miteinander diskutieren. Können wir das so angehen?«*

Eine gute Situationsdefinition steckt die inhaltliche Route des Gesprächs ab. Wichtig sind dabei eindeutige Schlüsselworte wie *»Veränderung angezeigt«* oder *»spannendes Projekt / Pros und Kontras«* in den bisherigen Beispielen. Wenn Sie dabei mit offenem Visier vorgehen und Ihre Absichten und Einschätzungen klar benennen *(»Ich bin überhaupt nicht erfreut«* oder *»Für unsere Firma ist das Projekt sehr wichtig«),* steigt die Chance, dass auch Ihr Gegenüber sich auf einen offenen Austausch einlässt (Phänomen der Resonanz). Anders formuliert: Die Situationsdefinition setzt sowohl den sachlichen als auch den emotionalen Rahmen des Gesprächs.

Ein weiteres Beispiel: Bei einer Mitarbeiterin mit Potenzial, die ihre Aufgaben mit mehr Eigenverantwortung wahrnehmen soll, wäre eine mögliche Situationsdefinition:

> *»Ich möchte gerne mit Ihnen darüber sprechen, wie Sie Ihre Aufgaben mit größerer Eigenständigkeit umsetzen können. Vor allem geht es mir um Lernmöglichkeiten, die Sie nicht nur fachlich weiterbringen, sondern Ihnen auch mehr Selbstverantwortung abverlangen. Ist das okay für Sie?«*

Bei einem »Low Performer« schließlich, der angesichts von Kenntnislücken und geringem Engagement eine andere Aufgabe übernehmen soll, sollte dies auch klar formuliert werden:

> *»Heute müssen wir über Ihre neue Aufgabe sprechen. Die jetzige Aufgabe wird durch andere Teammitglieder übernommen. Können wir darüber sprechen?«*

Zusammenfassend geht es bei der Situationsdefinition darum, das Thema des Gesprächs zu benennen, den anderen auf diesen Rahmen zu verpflichten und mit einer absichernden Schlussfrage den Dialog zu eröffnen. Dabei hilft es, dem Gespräch eine eindeutige Überschrift, einen »Titel«, ein »Etikett« zu geben. Damit ein echter Dialog zustande kommt und das Gegenüber aktiv an einer Lösung mitwirken kann, sollte die Situationsdefinition auf keinen Fall das Gesprächsergebnis vorwegnehmen.

2. Kommunikation der Realität ⇨ Ja zur Realität (▶ Tool Realitätsanker)

Nachdem Sie das Ja Ihres Gegenübers zum Thema erhalten haben, geht es darum, sich über die aktuelle Situation, also den Anlass des Gesprächs, einig zu werden. Auch hier hakt es in der Praxis häufig: Menschen interpretieren die(selbe) Wirklichkeit aufgrund ihres Vorwissens, ihrer Einstellungen und Erfahrungen möglicherweise unterschiedlich (vgl. Kapitel 3 und dort das Stichwort »Konstruktivismus«). Sie brauchen daher das Ja Ihres Gesprächspartners zu einer gemeinsamen Realität. Dabei greift das Leadership-Tool »Realitätsanker«: Eine nüchterne Darstellung der Fakten ist besser geeignet, das Gegenüber in Bewegung zu bringen, als das Ausspielen der Chefkarte. Ich empfehle Ihnen, wenn möglich positiv zu beginnen und anschließend Defizite klar zu benennen. Am Beispiel des eingangs zitierten Mitarbeitergesprächs:

> *»Bis letzten Sommer waren Sie einer unserer Leistungsträger und wegen Ihrer Erfahrung bei Kollegen und Kunden sehr geschätzt. Auch schwierige Situationen haben Sie immer sehr souverän gelöst.*
>
> *Jetzt haben Sie Kunden durch negative Bemerkungen über die Zukunft unseres Unternehmens irritiert und in der Teambesprechung durch ähnliche Kommentare Kollegen verunsichert. Es besteht Handlungsbedarf!«*

Je präziser und knapper Sie formulieren, desto eher erreichen Sie eine innere Beteiligung des Gegenübers. Denn je mehr Worte Sie machen, desto weniger Gewicht misst man Ihren Ausführungen bei *(»Der/Die kriegt sich schon wieder ein!«)*. Gute Vorbereitung zahlt sich auch hier aus. Als Gedankenstütze, die den positiven Einstieg und die anschließende klare Benennung der Defizite zum Ausdruck bringt, empfiehlt sich das folgende Schema:

+ + + – – –

Wir haben gute Antennen dafür, ob ein anderer sich im Gespräch tatsächlich engagiert, ob er inhaltlich betroffen ist oder das Gesagte an sich abperlen lässt. Mit einer knappen Darstellung nach dem Muster + + + – – – erreichen Sie am ehesten »Temperatur«, emotionale Involviertheit beim Gegenüber. Und nur, wenn Sie eine emotionale Dynamik auslösen, besteht die Chance auf nachhaltige Ergebnisse. Bei der Performerin mit Potenzial könnte der inhaltliche Einstieg wie folgt sein:

> *»Sie haben einen sehr guten Job gemacht bei den Aufgaben A, B und E. Bei C und D sind Sie jedoch etwas hinterher, sodass wir im Projekt nicht im Plan sind. Ich finde, wir sollten uns auf die Projekte C und D konzentrieren – und parallel auf das Thema stärker eigenverantwortliches Vorgehen. Da gibt es aus meiner Sicht Handlungsbedarf.«*

Möglicherweise ist Ihnen aufgefallen, dass eine häufig gebrauchte Formulierung fehlt – die Frage *»Warum ist das so?« (»Warum tun Sie das?« »Was haben Sie sich dabei gedacht?«).* Mit der Frage nach dem Warum richten Sie den Blick in die Vergangenheit und geben dem anderen Gelegenheit, bildlich gesprochen mit dem Müllwagen vorzufahren und Ihnen alles, was bisher schief lief (und wofür er tatsächlich oder vermeintlich »nichts kann«), vor die Füße zu kippen: Fehltage, Gerüchte, Negativäußerungen anderer, Versäumnisse der Geschäftsleitung, eine Verkettung unglücklicher Umstände … All das bringt Sie nicht weiter und lenkt vom eigentlichen Thema des Gesprächs ab – dem Beitrag Ihres Gegenübers zu einer Lösung. Wenn Sie stattdessen »Handlungsbedarf« anmelden, vermeiden Sie Schuldzuweisungen und eröffnen einen konstruktiven, nach vorne gerichteten Dialog. Alternativ können Sie auch sagen: *»Hier ist Ihr Engagement gefragt«, »Hier sind Sie gefordert«, »Da setze ich auf einen Beitrag von Ihnen«.*

Aktivierende Gesprächsführung oder: Was Sie besser nicht sagen sollten

Aktivierende Gesprächsführung bedeutet, mit dem Gegenüber in einen echten Dialog zu treten. Das ist dann der Fall, wenn der andere sich ernsthaft auf das Gespräch einlässt, sich gedanklich und emotional engagiert und aktiv an einer Lösung mitwirkt. Dafür haben wir ein gutes Gespür. Wir merken es, wenn jemand »abwimmelt«, »auf Durchzug schaltet« oder »dicht macht«. Zu aktivieren bedeutet,

- den anderen als selbstverantwortlichen Erwachsenen behandeln,
- ihm das Interesse unterstellen, selbst eine Lösung zu finden (Positiver Loop),
- freundlich im Ton, aber konsequent in der Sache bleiben,
- aufmerksam zuhören und dem anderen Zeit für eine Reaktion geben (Pausen!),
- nicht in der Vergangenheit kramen, sondern lösungsorientiert vorgehen,
- sich nicht selbst am Problem abarbeiten, sondern das Gegenüber in die Pflicht nehmen.

Aktivierung ist dann erfolgreich, wenn der andere sich selbst bewegt. Äußerungen, die dabei *kontraproduktiv* sind und vermieden werden sollten:

- »Ich erwarte von Ihnen, dass Sie ...«
- »Ich an Ihrer Stelle würde ...«
- »Sie sollten ...«
- »Warum ist das so?«, »Wie konnte das passieren?«
- Vorwürfe, persönliche Angriffe

Von einem anderen diktierte Lösungen sind meist Scheinlösungen. Nachhaltig umgesetzt wird dagegen, was man selbst vorgeschlagen hat.

3. Einwandbehandlung ⇨ Ja zum Handlungsbedarf
(▶ Tool Überzeugungssog)

Erfahrungsgemäß kommt es eher selten vor, dass ein Gesprächspartner sofort einräumt, dass er Handlungsbedarf hat. Zu einem echten Gespräch gehört es, dass Gegenargumente und Einwände Gehör finden. Das bedeutet auch: Ein erfolgreiches (= ergebnisreiches) Gespräch lässt sich nicht mal eben zwischen Tür und Angel führen. Es braucht Zeit. Für eine wirksame Einwandbehandlung nutzen Sie den Überzeugungssog und setzen auf emotionale wie auch auf rationale Empathie, also auf die Kombination von Verständnis und zwingender Argumentation (vgl. Kapitel 5). Am Beispiel des Mitarbeitergesprächs lässt sich dies verdeutlichen. Auf die Kritik an seinen Negativäußerungen gegenüber Kunden und Kollegen entgegnet der Mitarbeiter:

> (Mitarbeiter) *»Am Ende hat der Kunde sich wohl beruhigt. Außerdem bin ich nicht verantwortlich dafür, was meine Kollegen denken. Seit der Umstrukturierung ist die Situation wirklich schlimm und nun werde ich verantwortlich gemacht. Was erwarten Sie eigentlich von mir?«*

Eine Einwandbehandlung, die die emotionale Ebene adressiert und gleichzeitig sachlich zwingend argumentiert, folgt dem im 5. Kapitel empfohlenen Dreischritt des Überzeugungssogs: Bestätigung ⇨ Argument ⇨ Frage oder Pause. Sie könnte so formuliert sein:

> (Führungskraft) *»Ich stimme zu, es ist nicht immer einfach, der Realität ins Auge zu blicken. Wir wissen beide, dass Ihr Verhalten beim Kunden dazu beigetragen hat, dass die aktuelle Situation eskalierte.«* (Pause)

Auch hier gilt: Fassen Sie sich kurz, lassen Sie Ihr Argument wirken. Das erreichen Sie, indem Sie abwartende Pausen machen. Werden Sie nicht ungeduldig, wenn gleich ein neuer Einwand kommt:

> (Mitarbeiter) *»Finden Sie nicht, dass das etwas übertrieben ist? Der Kunde war schon immer schwierig. Und wenn die Kollegen mit ein paar Sprüchen nicht umgehen können, ist das wirklich nicht mein Problem!«*

> (Führungskraft) *»Die momentane Übergangsphase ist für alle, für Sie wie Ihre Kollegen, belastend. Der Kunde hat laut über die Stornierung eines Großauftrags nachgedacht, und einige Kollegen machen sich jetzt*

Sorgen um ihren Arbeitsplatz. Sie selbst haben zu dieser Verschärfung beigetragen. Es ist auch in Ihrem Interesse, die Situation zu klären.«

Auch hier liegt wieder der Dreischritt des Überzeugungssogs zugrunde, diesmal die rational zwingende Argumentation: Kontext des Gegenübers ⇨ Sachliches Argument ⇨ Nutzen. Überzeugung ist ein Prozess, kein kurzer Akt. In der Regel braucht es etwas Zeit, bis das Gegenüber sich für Argumente öffnet. Mit dem Positiven Loop (vgl. Kapitel 1) greift hier weiterhin die positive Unterstellung, dass der andere letztlich an einer Lösung interessiert ist.

(Mitarbeiter) *»Na gut, im Nachhinein war das vielleicht etwas übertrieben. Beim Kunden sind mir die Nerven durchgegangen.«*

Die Versuchung ist groß, beim ersten Einlenken rasch zum Ende kommen zu wollen und das Gegenüber mit ein paar wohlwollenden Vorschlägen aus dem Gespräch zu entlassen. *(»Gut. Dann sollten Sie in Zukunft …«).* Auch wenn der andere den Dialog beharrlich verweigert *(»Wissen Sie, zu all dem fällt mir überhaupt nichts ein!«)* tappt man gern in diese Falle. Klüger ist, das Gespräch in solchen Fällen kurzerhand zu vertagen:

»Gut. Dann schlage ich vor, Sie denken mal drüber nach und wir treffen uns in zwei Tagen noch mal.«

4. Herausarbeiten des Ziels ⇨ Ja zur Lösung (▶ Tool Zielprojektion)

Ihre Absicht bei einem Gespräch ist in der Regel, ein bestimmtes Ergebnis mit Ihrem Gegenüber zu vereinbaren, das von diesem dann zuverlässig umgesetzt wird. Da nur selbst generierte Ziele und Lösungen nachhaltig verfolgt werden, setzen Sie dazu auf das Leadership-Tool »Zielprojektion«. Ihre Rolle dabei: Stellen Sie Fragen und lassen Sie Ihr Gegenüber Vorschläge entwickeln. Vielen Führungskräften fällt gerade diese Zurückhaltung ungeheuer schwer. Sie ist aber der einzige Weg, dem anderen den Raum zu geben, seine eigene Lösung zu finden – und damit eine Lösung, die mit höherer Wahrscheinlichkeit auch umgesetzt wird. Je nach Situation treten Sie dabei freundlich-unterstützend oder hartnäckig-fordernd auf. Im Mitarbeitergespräch von oben könnte sich das so anhören:

»Sie sind Profi und wissen selbst am besten, was zu tun ist. Das kann ich Ihnen nicht abnehmen. Sie müssen entscheiden, ob Sie tatsächlich im Boot sind und wie Sie das zukünftig im Alltag deutlich machen wollen.«

Beim Top-Performer, mit dem ein mögliches neues Projekt besprochen wird, sind eher allgemeine Impulse gefragt:

»Wie können wir an dieser Stelle weiterkommen?«
»Welche Aspekte müssen aus Ihrer Sicht geklärt werden? Wie kann ich Sie unterstützen?«
»Unter welchen Bedingungen wären Sie bereit, die Aufgabe zu übernehmen? Brauchen Sie noch Zeit, das zu durchdenken?«

Achten Sie darauf, dass im Verlauf des Gesprächs das Ziel/die Lösung und die dorthin führenden Maßnahmen ausreichend konkretisiert werden, getreu der bewährten SMART-Formel, nach der Ziele *spezifisch, messbar, anspruchsvoll, realistisch* und *terminiert* sein sollten. Wirksame Gesprächstechniken für eine gelungene Zielprojektion finden Sie im vierten Kapitel und auch in der abschließenden Übersicht. Bewährte Fragen sind beispielsweise *»Woran machen Sie den Erfolg genau fest?«, »Wie könnte ein positives Ergebnis aussehen?«* oder *»Was muss aus Ihrer Sicht erreicht sein, damit wir von einem Erfolg sprechen können?«*. Dabei kommt es einerseits darauf an, vom Ziel aus ›rückblickend‹ mögliche Hürden anzusprechen *(»An welcher Stelle im Prozess könnten Probleme auftreten?«)* und andererseits Zuversicht auszustrahlen *(»Ich bin sicher, wir finden eine Lösung!«)*.

5. Abschluss ⇨ Ja zum Tun (▶ Tool Driver's Seat)

Vielleicht kennen Sie das: Man dachte eigentlich, es sei alles klar. Hinterher stellt sich jedoch heraus, dass das Gegenüber das Gespräch anders verstanden und andere Schlüsse gezogen hat als man selbst. Dem beugen Sie vor, indem Sie jedem wichtigen Gespräch einen echten Abschluss geben. Das geschieht mit einer abschließenden Frage wie

»Darf ich mich noch mal rückversichern: Was ist für Sie das Ergebnis unseres Gesprächs?« oder
»Nur, damit wir ganz sichergehen: Wie würden Sie unser Gesprächsergebnis zusammenfassen?«

Auf diese Weise kommt Ihre Frage nicht als Kontrollfrage an (etwa bei der Zusammenarbeit mit Kollegen und Kunden). Runden Sie das Gespräch durch einen positiven Zukunftsausblick und wenn passend durch einen Dank ab:

»Ich freue mich, dass wir dieses Projekt gemeinsam angehen. Ich denke, wir sind damit auf einem sehr guten Weg. Vielen Dank für Ihre Zeit und Ihre Impulse.«

Auch bei einem Low Performer, dem die Verantwortung für einen Aufgabenbereich entzogen und eine neue Aufgabe übertragen wurde, sollte der Ausblick positiv, aber unmissverständlich sein. Beispiel:

»Ich denke, die neue Vereinbarung ist für beide Seiten positiv. Bitte liefern Sie, was gefordert ist – wir haben an dieser Stelle keinen Spielraum. Es ist wichtig, dass Sie die Leistung entsprechend der Standards bringen, ohne Wenn und Aber.«

In Konfliktgesprächen wird die Führungskraft dagegen fordernder und deutlicher auftreten:

»Was ist für Sie das Ergebnis unseres Gesprächs?« oder
»Bitte noch einmal: Was werden Sie jetzt konkret unternehmen?«

Handlungsleitend im Gespräch und gerade auch in der Abschlussphase ist die Grundüberzeugung, dass jeder Mensch im Rahmen seiner Möglichkeiten für sein Tun und Lassen selbst verantwortlich ist (vgl. Kapitel 2 »Driver's Seat«). Als Führungskraft schaffen Sie die Rahmenbedingungen, unter denen Mitarbeitende erfolgreich sein können. Sie sind aber nicht dazu da, jemanden zum Jagen zu tragen, der sich selbst nicht bewegen will. Die grundsätzliche Gesprächsdynamik ist crossfunktional und »lateral«, also im Gespräch mit Kollegen, dieselbe wie im Gespräch mit Mitarbeiterinnen und Mitarbeitern: Auch hier geht es um Aktivierung, emotionale und sachliche Beteiligung, und um Ziele und Lösungen, hinter denen das Gegenüber nachhaltig steht, weil es selbst dazu beigetragen hat. Ohne Weisungsbefugnis werden Sie tendenziell weicher formulieren. Und auch im Führungskontext empfiehlt sich außer bei echten disziplinarischen »Problemfällen« eine offene und kooperative Grundhaltung.

Abb. 22: Der Masterplan im Überblick

Auf der nächsten Seite finden Sie ein Vorbereitungsblatt, das Sie zur Einstimmung auf wichtige Gespräche nutzen können (Abbildung 23).

Moderne Führung – gelebter positiver Altruismus?

»Wir erleben gerade einen Paradigmenwechsel in deutschen Unternehmen. Entscheidungsfähigkeit und Macht werden zunehmend auf Teams oder Projektgruppen verlagert. (...) Geführte erwarten zunehmend andere Menschenführung, Führungskräfte sind zunehmend auf der Suche nach einem anderen Verständnis von Führung und beide wollen eine neue Führungskultur«, so Thomas Sattelberger, ehemaliger Vorstand der Telekom AG, 2014 in einer Studie zu »Führungskultur im Wandel«.[4] In vielen Führungsetagen hält diese Suche noch an. Zwar besteht Einigkeit darüber, dass ein patriarchalisch-autoritäres Führen per Anweisung nicht mehr funktioniert, doch oft bekommt der moderne Anstrich »kooperativer« Führung im Konfliktfall Risse und das Führungsverhalten kippt rasch wieder in alte Muster. Das ist so verständlich wie verheerend: Unter Druck wirken tief sitzende Prägungen und Reflexe stärker als theoretische Überzeugungen. Gleichzeitig verliert kooperatives Auftreten jede Glaubwürdigkeit, wenn es nur bei Schönwetter gilt und in stürmischen Zeiten der alten Weisungsmentalität Platz macht.

Situationsdefinition
Kontakt, Rahmen des Gesprächs, Titel, Absicherung des Rahmens

Ja zum Thema

Kommunikation der Realität
Realität + + + − − −, Handlungsbedarf/-option, Pause

Ja zur Realität

Einwandbehandlung
Bestätigung, Argument, Frage/Pause

Ja zum Handlungsbedarf

Herausarbeiten des Ziels
Vorschlag erfragen, Konkretisierung der Ziele/Maßnahmen (SMART)

Ja zur Lösung

Abschluss
Absichern der Vereinbarung, Commitment, positive Zukunftserwartung, Motivation, Dank

Ja zum Tun

Abb. 23: Masterplan – Vorbereitungsbogen

Möglicherweise wird die Umsetzung eines neuen Führungsparadigmas vor allem durch ein vergleichsweise vages Verständnis von »Kooperation« und ihren Erfolgsmerkmalen erschwert. Oft geht dieses Verständnis kaum über den Alltagsbegriff einer – wie auch immer gearteten – »Zusammenarbeit«, eines »Zusammenwirkens« hinaus. Im Konfliktfall kollidiert dieses Ansinnen mit dem gleichzeitig bestehenden Anspruch, eine Führungskraft müsse sich »durchsetzen« können, die Dinge vorantreiben und Widerstände überwinden.

Was also zeichnet gute Kooperation zum Nutzen aller aus? Darauf hat der Organisationspsychologe Adam Grant in seinem Buch »Geben und Nehmen« (2016)[5] eine schlüssige und wissenschaftlich fundierte Antwort gegeben. Grant, der an der renommierten Wharton Business School lehrt, unterscheidet sehr hilfsbereite Menschen (»Giver«) von solchen, die vor allem ihr Eigeninteresse im Auge behalten (»Taker«), und jenen, die auf eine Ausgewogenheit von Geben und Nehmen achten (»Matcher«). Verblüffend ist, dass es unter den »Gebern« im beruflichen Kontext viele relativ erfolglose Menschen gibt, aber auch etliche, die ganz im Gegenteil außergewöhnlich erfolg*reich* sind. Des Rätsels Lösung: Im ersten Fall vernachlässigen Geber ihre eigenen Aufgaben und Interessen, weil sie anderen vorbehaltlos beistehen und ihnen die Arbeit abnehmen. Im zweiten Fall handelt es sich um Geber, die zwar auch großzügig unterstützen, gleichzeitig jedoch einen Blick dafür haben, was dem Gegenüber in seiner gegenwärtigen Situation tatsächlich nützt. Diese »Hilfe zur Selbsthilfe« kann beispielsweise in nützlichen Impulsen bestehen. Grants Befunde treffen auf ganz unterschiedliche Branchen zu und lassen sich für Ingenieure genauso nachweisen wie für Medizinstudenten.

In Anlehnung an Grants Ansatz definieren wir bei CEVEYCONSULTING vier Verhaltensstile:

- Der »Altruist I« gibt selbstlos, ist immer für andere da, stellt die eigenen Interessen hintan.
- Der »Taker« (Egoist, Durchsetzer) gibt, um zu nehmen, stellt den eigenen Nutzen in den Vordergrund.
- Der »Matcher« (Forderer, Berechner) achtet darauf, dass Geben und Nehmen in ausgewogenem Verhältnis zueinander stehen, gibt auf Dauer also nur, wenn er eine Gegenleistung dafür erhält.

- Der »Altruist II« gibt ebenfalls gern, beachtet im Unterschied zum ersten Altruisten jedoch auch, was dem anderen in seiner Situation wirklich nützt und weiterhilft. Zum Mitgefühl (emotionale Empathie) kommt hier der Perspektivwechsel (rationale Empathie).[6]

Menschen, die anderen wohlwollend-hilfsbereit, gleichzeitig aber auch mit einem klaren Blick auf deren Situation und tatsächliche Notwendigkeiten begegnen, verbinden eine vertrauensvolle Beziehung mit nachhaltiger Unterstützung. Frei nach Konfuzius: Der Altruist II würde einem Hungrigen keinen Fisch schenken, sondern ihm das Fischefangen beibringen.[7] Auch und gerade im modernen Führungskontext erweist sich dieser Grundgedanke als fruchtbar, weil er in Richtung einer ergebnisorientierten, menschlich fairen Kooperation weist. Am erfolgreichsten wäre demnach eine Führungskraft, die gleichzeitig offen und unterstützend, aber auch fordernd im Rahmen der Möglichkeiten des Mitarbeiters ist. Eine solche Führungskraft entlässt den Mitarbeiter nicht aus seiner Verantwortung, sondern hilft ihm dabei, diese wahrzunehmen.

Ob dies gelingt, hängt auch von der persönlichen Prägung des Einzelnen ab. Wer seiner Prägung und Verhaltensorientierung auf den Grund gehen will, kann dies mithilfe eines speziellen Tests tun, der Give and Take Evaluation (GTE) der CEVEYSYSTEMS GmbH. Der Test übersetzt Adam Grants Verhaltensstile in vier Dimensionen, die mit einem wissenschaftlich fundierten Fragebogen erhoben werden: »Geben« (die Bereitschaft zur Unterstützung anderer), »Empathie« (die Fähigkeit, sich auf andere einzustellen und deren Gefühle zu berücksichtigen), »Gegenseitigkeit« (das Interesse an einem Ausgleich von Geben und Nehmen) und »Kontext-Kompetenz« (die Fähigkeit, die Situation eines anderen rasch zu erfassen und zu sehen, was im gegebenen Kontext hilfreich für ihn ist).[8] Die GTE bietet so die Möglichkeit, tiefergehend seine persönliche Haltung zum Gegenüber und zur Kooperation mit anderen zu reflektieren, Stärken und Entwicklungsfelder zu lokalisieren und so die Umsetzung der in diesem Buch vorgestellten Leadership-Tools zu erleichtern.

Das Konzept eines reflektierten Altruismus, der menschlich und empathisch, aber zugleich kontextsensitiv und ergebnisorientiert ist (»Altruismus II«), passt perfekt in die moderne Führungswelt, die Zusammenarbeit in sich rasch wandelnden Umfeldern, in crossfunktionalen Projekten und Matrix-Strukturen erfordert. Dieser Altruismus ist verständnisvoll, ohne eigene Ziele zu verleugnen, und sachorientiert, ohne Zuflucht zu autoritären Anweisungen zu nehmen. Er fördert Kooperation durch eine zugewandte und gleichzeitig zielgerichtete Kommunikation und verlangt von Führungskräften Kompetenzen, die als Coaching bezeichnet werden: aufmerksam zuhören, die richtigen Fragen stellen, Impulse geben, bei der Entwicklung von Handlungsmöglichkeiten und deren Umsetzung unterstützen. Die in diesem Buch vorgestellten Leadership-Tools übersetzen diese neue Form der »kooperativen« Führung in präzise und sofort umsetzbare Instrumente.

Unterstützung erfährt das Konzept eines positiven Altruismus auch durch aktuelle Managementtheorien. So hat sich der Change-Guru John Kotter in seinem Buch »Accelerate« (2015)[9] mit der Frage auseinandergesetzt, wie sich Unternehmen mit traditioneller hierarchischer Organisation für die schnelllebige VUKA-Welt rüsten können (vgl. auch Kapitel 2 und Kotter 2012). Wie schon geschildert, lautet Kotters Antwort, es gelte, das traditionelle Betriebssystem des Unternehmens – die hierarchische Organisation mit fest vorgegebenen Prozessen und Abläufen – durch ein zweites Betriebssystem zu ergänzen: eine agile Netzwerkstruktur. Während das klassische Betriebssystem Standardprozesse im Unternehmen effizient und zuverlässig abarbeitet, auf notwendige Veränderungen und wachsende Komplexität jedoch zu schwerfällig reagiert, greift das Netzwerk aktuelle Herausforderungen zeitnah auf und erarbeitet mit hoher Geschwindigkeit Lösungen. Strategische Fragen werden vorrangig vom zweiten, neuen Betriebssystem adressiert, das eher eine Start-up-Mentalität aufweist und damit auch eher geeignet ist, wendigen Start-ups und ihren Attacken auf angestammte Unternehmen und Branchenriesen Paroli zu bieten. In diesem Rahmen wird der Strategiebegriff neu definiert als dynamisches Instrument der Anpassung des Unternehmens an eine wenig vorhersehbare und sich stetig wandelnde Wirtschaftswelt.

Das Netzwerk besteht für Kotter aus einer »Freiwilligenarmee« engagierter Mitarbeiterinnen und Mitarbeiter, die von einer großen geschäftlichen Chance (»Single Big Opportunity«) und einer emotional wirksamen strategischen Vision angezogen werden. Die »freiwilligen

Fruchtloses Feedback – oder: Vorsicht vor »Psychospielchen«

Reinhard K. Sprenger hat vor einiger Zeit vor der »Psychologisierung« der Führung gewarnt: Die Psychologie habe sich »krakenhaft« in den Unternehmensalltag hineingearbeitet und rechtfertige »mentale Interventionen«.[10] Wenn damit ein folgenloses Spekulieren über individuelle Handlungsmotive gemeint ist, stimme ich Sprenger zu. Wenn es jedoch um eine Berücksichtigung moderner Erkenntnisse geht, wie Menschen ihren Alltag als sinnvoll und befriedigend erleben, finde ich seine Kritik verfehlt. Es braucht Psychologie (oder vielleicht alltagsnäher: Menschenkenntnis), wenn man Menschen gut führen will. Das heißt aber nicht, dass man einer oberflächlichen Befindlichkeitsorientierung auf den Leim gehen sollte. Leider ist das gerade beim zentralen Führungsinstrument Feedback oft der Fall. So wird bei Teamtrainings oft folgender Dreischritt mit den Teilnehmern eingeübt:

1. *»Was finde ich gut an deinem/Ihrem Verhalten?«*
2. *»Was würde ich mir von dir/Ihnen wünschen?«*
3. Der Feedback-Empfänger bedankt sich und entscheidet selbst, wie er mit dem erhaltenen Feedback umgeht.

Dieses Feedback-Modell, das für den Teamzusammenhalt förderlich sein mag, wird von manchen Mitarbeitenden, aber auch Führungskräften auf den Führungsalltag übertragen, im Eingangsbeispiel vom Mitarbeiter, der seine Kollegen durch eine abfällige Darstellung der Umstrukturierungsmaßnahmen im Unternehmen verunsichert, etwa nach dem Muster:

(Führungskraft) *»Ich finde es gut, dass Sie die Umstrukturierung kritisch reflektieren. (= 1) Ich würde mir wünschen, dass Sie diese Kritik nicht ungefiltert im Team äußern, weil dadurch Ihre Kollegen verunsichert werden.«* (= 2)

(Mitarbeiter) *»Danke für das Feedback. Ich verstehe, was Sie meinen.«* (= 3)

Solche Gespräche gehen aus wie das berüchtigte Hornberger Schießen: Es kommt nichts dabei heraus. Wenn tatsächlich Handlungsbedarf besteht, muss wirksame Führung die Verhaltensänderung erreichen und kann die Korrektur nicht im Belieben des Mitarbeiters lassen: *»Es geht heute um Ihr Verhalten in der Teamsitzung. Ich bin nicht erfreut über das, was passiert ist. Es gibt hier Änderungsbedarf. Können wir heute darüber sprechen?«*

Helfer« arbeiten parallel in beiden Betriebssystemen und bilden auf diese Weise Brücken zwischen beiden Unternehmenswelten. Innerhalb des Netzwerkes gibt es keine Dienstwege und keine Hierarchien, auch nicht innerhalb der leitenden »Führungskoalition« aus fähigen Managern der jeweils relevanten Unternehmensbereiche. Die Zusammenarbeit basiert auf einem engagierten Austausch eigenverantwortlich handelnder Individuen.

Die Parallelen zu Grants Ansatz des »Gebens und Nehmens« sind offensichtlich. Das agile Netzwerk im Sinne Kotters funktioniert weder mit naiven »Givern«, die die eigenen Aufgaben aus den Augen verlieren, noch mit berechnenden »Takern«, die vorrangig das Eigeninteresse im Blick haben. In unserer Diktion: Je mehr »Altruisten II« hier zusammenkommen, je stärker also die Bereitschaft gegenseitiger Unterstützung gepaart ist mit einem Blick für die Erfordernisse der Sache, desto höher wird der Output sein. Ebenso offensichtlich ist, dass das Netzwerk nicht ohne eine neue Form der Führungskommunikation funktionieren kann, die einen offenen, zielorientieren Austausch entlang der in diesem Buch präsentierten Leadership-Tools an die Stelle hierarchisch geprägter Führungskonzepte setzt.

Gleichzeitig adressiert Kotter wie auch schon in seinem bekannten Buch »Leading Chance«[11] die emotionale Komponente gelingender Veränderungen im Unternehmen. Für »Change« insgesamt wie auch für die zum Wandel unerlässlichen individuellen Verhaltensänderungen gilt: Nur wenn Menschen auch emotional involviert sind – also mit voller Überzeugung, mit Kopf *und* Herz Ja zu einem Vorhaben sagen – werden sie sich nachhaltig dafür einsetzen und zusätzliche Mühen auf sich nehmen. Insofern stehen die Leadership-Tools, die neben der sachlichen auch die emotionale Gesprächsdynamik im Blick haben, in bester Kotter-Tradition.

Wenn in diesem Buch auf eine vertrauensvoll-positive Grundhaltung, auf Eigenverantwortung der Mitarbeitenden, auf selbst formulierte Ziele und auf einen dialogischen Prozess gesetzt wird, dann also nicht aus reiner Menschenfreundlichkeit oder gar aus einem Harmoniebedürfnis heraus, sondern weil es funktioniert – weil sich so bessere Ergebnisse erzielen lassen. Die Leadership-Tools folgen einer Leitidee: Damit ich erreiche, was ich will, muss ich mich dem anderen zuwenden und ihn so ansprechen, dass er sich einer Mitarbeit öffnet (= Aktivierung). Mit Geduld, Dialog und Ernstnehmen von Einwänden erreiche ich mehr als mit Basta-Mentalität und Anweisungen. Salopp gesagt: Es geht nicht um psychologische Unterstützung, sondern um wirksame Führung.

PRAXISBEISPIEL: Eine bewährte Führungskraft sabotiert einen Changeprozess – was tun als Führungskraft?

Abschließend noch einmal die Gesprächsphasen und Leadership-Tools im Überblick, am Beispiel des Gesprächs eines Vorgesetzten mit einer nachgeordneten Führungskraft.

Die Ausgangssituation

Eine langjährige bewährte Führungskraft, Teamleiter im IT-Bereich, zieht seit einigen Wochen nicht mehr mit: Projekttermine wurden wiederholt verschleppt, die Stimmung im Team ist mies. Hintergrund ist ein Changeprozess, in dem die Zuordnung von Projekten zu Teams neu geordnet wurde. Kürzlich hat der Teamleiter im Teammeeting geäußert, es würde »hier sowieso alles den Bach runtergehen«, und damit Unsicherheit unter den Mitarbeitenden geschürt.

Ihre Zielsetzung

Sie wollen erreichen, dass der Teamleiter geplante Prozessoptimierungen umsetzt und seine Abwehrhaltung aufgibt. Im folgenden Gespräch steht TL für Teamleiter und FK für dessen Führungskraft.

GESPRÄCHSPHASE		LEADERSHIP-TOOL
1. Situationsdefinition	*FK: »Guten Morgen, Herr … Danke, dass Sie gekommen sind. Mein Anliegen ist der aktuelle Veränderungsprozess und Ihr Verhalten in diesem Rahmen. Können wir heute darüber sprechen?«*	**Situationsdefinition** (Überschrift des Gesprächs formulieren)
	TL: »Ja klar. Worum geht es?«	Ja zum Thema

↓

2. Kommunikation der Realität	*FK: »Sie sind jetzt seit zehn Jahren im Unternehmen. Ich schätze Ihre fachliche Kompetenz sehr und wir kennen uns gut. Beim letzten Projekt hat Ihr kreativer Vorschlag wirklich zum Durchbruch verholfen. Allerdings bin ich über einige Dinge in letzter Zeit unglücklich. Darf ich die mal nennen?«*	**Realitätsanker** + + + (positiv einsteigen)
	TL: »Ja. Deswegen sind wir ja wohl hier.«	
	FK: »Sie haben sich kürzlich im Team sehr pessimistisch über den Prozess geäußert und damit ihr Team verunsichert. Zusätzlich sind bei den aktuellen Projekten die Deadlines dreimal überschritten worden. Aus meiner Sicht gibt es hier Handlungsbedarf!«	**Realitätsanker** – – – (kritische Punkte benennen)

↓

3. Einwandbehandlung	*TL: »Dafür kann ich nichts. Ich habe einfach zu wenig Leute und zu viele unerfahrene Mitarbeiter; erst recht jetzt, wo wir auch noch die internen Prozesse umstellen müssen. Ich finde diese Schuldzuweisung ganz schön heftig.«*	
	FK: »Natürlich gehe ich davon aus, dass Sie alles tun, um die Situation zu verbessern. Im Moment haben wir sehr viel Druck im Kessel. In den Teams ist zu viel Stress, der nicht mit der Anforderung direkt zusammenhängt. Ich glaube, dass die Dinge anders laufen könnten. Daher spreche ich Sie heute an.« [Pause]	**Überzeugungssog** (Bestätigung ▶ Argument ▶ Pause)
	TL: »Ich weiß nicht, was ich da noch tun soll. Ich habe viele junge Leute. Die haben keine Erfahrung. Da wäre ich für mehr Unterstützung und weniger Kritik dankbar.«	
	FK: »Mein Anliegen ist es heute, mit Ihnen die Situation präzise zu analysieren und dann Lösungen zu vereinbaren. Und noch mal: Es ist klar, dass die aktuelle Situation eine Herausforderung ist.« [Pause]	**Überzeugungssog** (Bestätigung ▶ Argument ▶ Pause)

	TL: »Ja, schon wahr. Man müsste in Ruhe mal überlegen, wie wir etwas mehr Ordnung in die Situation bekommen.« [Pause]	Ja zum Handlungsbedarf

↓

4. Herausarbeiten des Ziels	*FK: »Haben Sie Ideen, an welcher Stelle wir den größten Hebel für eine Verbesserung haben?«* [Pause]	**Zielprojektion**
	TL: »Wenn ich zusätzliche Mitarbeiter aus anderen Projekten bekommen könnte, würde es sicherlich besser möglich sein, die Deadlines zu halten.«	
	FK: »Das ist leider aktuell nicht möglich, wir haben in der Tat keine zusätzlichen Kapazitäten. Was könnten Sie denn selbst mit Ihren aktuellen Mitarbeitern und Ressourcen tun?«	((Realitätsanker)) ((Driver's Seat))
	TL: »Mmh. Ich müsste schauen, dass wir die Arbeit anders organisieren.«	
	FK: »Wie könnte das konkret aussehen?«	**Zielprojektion**
	TL: »Hauptziel ist Termintreue; die Kundenbeschwerden bringen uns ja nur zusätzlichen Stress.«	
	FK: »Ja. Wenn am Ende des Jahres die Projekte pünkt-	(Ziel positiv aufladen)

lich abgeschlossen sind, was wäre das für ein Gefühl?«	
TL: »Super natürlich!«	
FK: »Von dieser Warte aus betrachtet – was müsste dem vorausgehen?«	(Erfolgszuversicht vermitteln / Wie! sprechen)
TL: »Die jungen Mitarbeiter müssen lernen, besser zu planen, und die Meilensteine müssen wirklich so verankert werden, dass sie von allen ohne Wenn und Aber als verbindlich akzeptiert werden. Wir könnten das im nächsten Meeting durchsprechen und vereinbaren. Und wenn dann im Regelfall ein alter Hase und ein Neuer zusammenarbeiten, müssten wir mehr PS auf die Straße bringen.«	
FK: »Sehr gut! Könnten Sie noch weitere Dinge verbessern, um die Effizienz der Projektarbeit zu erhöhen?«	**Driver's Seat**
TL: »Etwas mehr Fokus auf Reviews und Abfragen der Projektstände im Projektmeeting, damit klar ist, Termintreue ist ernst gemeint. Bei Verzögerungen die Aufholjagd sehr genau besprechen, terminieren und beim nächsten Meeting controllen.«	Ja zum Tun

FK: »Sehr gut. Und was machen Sie mit Ihren Negativäußerungen?«	Weiteres Thema
TL: »Dazu stehe ich! Es ist wirklich zurzeit chaotisch! Na ja, motivierend sind die natürlich für das Team nicht gerade.«	
FK: »In der Tat – das reduziert die Zuversicht und die Motivation im Team. Die Leute verlieren dadurch auch den Anspruch an Qualität und Termingenauigkeit!«	((Realitätsanker))
TL: »Okay – ich habe verstanden. Wäre es möglich, in diesem Zusammenhang ein kurzes Coaching zur Verbesserung meiner Wirkung in schwierigen Situationen zu bekommen? Ein Kollege hat mich auf eine Halbtagesveranstaltung aufmerksam gemacht. Ich würde da sehr gerne persönlich weiterkommen.«	Zielprojektion Driver's Seat
FK: »Sehr gerne – ich finde, das ist eine prima Idee. Bitte organisieren Sie das zeitnah mit HR.«	
TL: »Danke, das motiviert mich jetzt wirklich sehr.«	

↓

5. Abschluss/ Absicherung	*FK: »Also – was haben wir jetzt? Was ist aus Ihrer Sicht nun das Ergebnis unserer Unterredung?«* *TL: »Wie ich es sehe, haben wir drei Punkte:* • *Termintreue durch bessere Planung und Fokus auf Reviews,* • *Zusammenarbeit der jungen mit erfahrenen Mitarbeitern,* • *Kurzcoaching zur Verstärkung meiner Zuversicht und positiven Haltung in der aktuellen Anforderung.«* *FK: »Prima. Ich denke, damit sind wir wieder auf einem guten Weg. Vielen Dank für Ihre Offenheit und die Bereitschaft, die Sache in die Hand zu nehmen!«*	**Driver's Seat** (Commitment absichern)

Beim aufmerksamen Lesen werden Sie festgestellt haben, dass die Zuordnung der Leadership-Tools zu den Gesprächsphasen idealtypisch ist und lediglich Schwerpunkte markiert. So wird im Verlauf eines längeren Gesprächs immer wieder Bezug auf Fakten genommen (Realitätsanker) und die Eigenverantwortung des Gegenübers angesprochen (Driver's Seat). Im Beispiel oben wird dies in der rechten Spalte in Doppelklammern angedeutet. Der Positive Loop und die Unterstellung der positiven Absicht laufen als Unterströmung immer mit, damit die anderen Leadership-Tools ihre Wirkung entfalten können. Im Zusammenspiel bewirken die Tools einen Dialog, der konstruktiv ist, auf Eigenmotivation setzt und geprägt ist vom Commitment auf das gemeinsame Ergebnis – womit die Resonanzfaktoren des Masterplans beschrieben wären.

Funktionieren wird der Plan allerdings nur, wenn er konsequent umgesetzt wird:

- Bereiten Sie sich vor (Gesprächsüberschrift/-thema, relevante Fakten, Ihr Gesprächsziel).
- Steigen Sie positiv ein.
- Bleiben Sie konsequent beim Thema.
- Formulieren Sie kritische Punkte klar und unmissverständlich.
- Fassen Sie sich kurz, achten Sie darauf, dass Ihr Redeanteil nicht mehr als 50 Prozent beträgt.
- Vermeiden Sie es, selbst Lösungen zu präsentieren.
- Machen Sie bewusst Pausen, geben Sie dem anderen die Zeit, eigene Vorschläge zu entwickeln.
- Versuchen Sie nicht, das Ganze zu beschleunigen und Gesprächsphasen zu überspringen: Nachhaltige Lösungen brauchen Zeit.
- Vergewissern Sie sich, was der andere als Ergebnis mitnimmt.

Auf einen Blick: MASTERPLAN

Definition (Worum es bei dem Tool geht)	• Der Masterplan basiert auf fünf Stufen der Gesprächsführung, in denen die Leadership-Tools planvoll eingesetzt werden. Er dient der Aktivierung des Wollens beim Gegenüber und erhöht Ihre Wirksamkeit und Souveränität als Führungskraft.
Verhalten (Gesprächstechniken und Beispiele)	• 5 Schritte: 1 Situationsdefinition (▶ Masterplan) 2 Kommunikation der Realität (▶ Realitätsanker) 3 Einwandbehandlung (▶ Überzeugungssog) 4 Herausarbeiten des Ziels (▶ Zielprojektion) 5 Abschluss (▶ Driver's Seat) (▶ Positiver Loop als Grundannahme)

- In einem erfolgreichen Dialog entsprechen den 5 Schritten 5 Aktivierungen des Gegenübers:
  1 Ja zum Thema
  2 Ja zur Realität
  3 Ja zum Handlungsbedarf
  4 Ja zur Lösung
  5 Ja zum Tun
- Der Gesprächserfolg steht und fällt mit einer guten Vorbereitung, einer eindeutigen Situationsdefinition und der Reduzierung Ihres eigenen Redeanteils.

Mindset
(Mit welcher Einstellung Sie dieses Tool aktivieren)

- Ich kommuniziere ganz bewusst so, wie es eine moderne, vernetzte, dynamische Unternehmenswelt erfordert.
- Ich bin sehr gut vorbereitet, kenne die Rahmensetzung des Gesprächs genau und habe die emotionale Dynamik im Blick.
- Ich weiß um mögliche Erfolgshindernisse wie Zeitdruck, Macherorientierung, voreilige eigene Vorschläge und zu wenig Zeit für die Einwandbehandlung.
- Mir ist bewusst, dass »Wollen« von innen kommen muss. Daher bin ich achtsam, wertschätzend und sehr klar in der Sache.
- Auch unter Druck bleibe ich entspannt und kontrolliere meine direktiven Impulse.

Resonanz
(Ihr Gegenüber wird …)

motiviert – konstruktiv – committet

➔ Erfolgsformel: WOLLEN KOMMT VON INNEN!

10 Thesen zur Führung in der VUKA-Welt

»Man muss die Dinge so einfach wie möglich machen.
Aber nicht einfacher.«
ALBERT EINSTEIN

Wenn Sie mir bis hierher gefolgt sind, haben Sie eine mitunter herausfordernde Reise durch die Führungswelt gemacht. Es mag zu dieser Thematik andere Lösungsangebote geben, die ein simples Plug-and-play versprechen. Doch zu einfach sollte man es sich nicht machen, wenn es um Führung geht. Menschen sind eben nicht trivial. Dabei sind die in diesem Buch vorgestellten und in langjähriger Praxis entwickelten Leadership-Tools nicht wirklich schwierig, sondern allenfalls ungewohnt. Ich verspreche Ihnen: Es lohnt sich, sich darauf einzulassen. Denn wer andere Ergebnisse erzielen möchte, muss zuallererst eines tun: die eigenen Muster verändern. Zum Abschluss hier meine grundlegenden Überlegungen in Form von zehn Thesen zu wirksamer Führung heute.

1. Eine immer komplexere und dynamische Unternehmenswelt erfordert eine **Führungskultur**, die eigenverantwortliches, zielorientiertes Handeln der Mitarbeitenden aktiviert, Klarheit und Orientierung bietet und bei der Entwicklung persönlicher Kompetenzen unterstützt.

2. Die vertrauten Modelle »Kooperativer Führung« (»Führungsstile«, 4-Ohren-Modell, SMARTE Ziele) können die neue **Komplexität** nicht bewältigen. Wer sich als Führungskraft darauf verlässt, stößt schnell an Grenzen. Es droht **Überforderung** und damit der ungewollte Rückfall in autoritäre Muster (= Anweisungen).

3. Wirksame Führung ist **menschen-** und **leistungsorientiert** zugleich: Sie respektiert den anderen und berücksichtigt den Kontext, aus dem heraus er agiert, verliert aber zugleich Unternehmensinteressen und vereinbarte Ziele nicht aus den Augen.

4. Wirksame Führung konkretisiert sich in der Praxis als **wirksame Kommunikation**. Doch wie man andere Menschen in einem offenen Dialog für eigene Positionen gewinnt und nachhaltig überzeugt, ohne Rückzug oder Widerstand zu provozieren, wird nirgendwo vermittelt. Die Leadership-Tools füllen diese Lücke. Sie funktionieren lateral / auf Kollegenebene ebenso wie im klassischen Führungskontext.

5. Die **Leadership-Tools** sind mehr als eine Sammlung von Verhaltens- oder Kommunikationstechniken. Sie sind Prinzipien, die in grundlegenden **Werten** fußen: Respekt und Vertrauen, Selbstbestimmung und Eigenverantwortung, Realitätsprinzip, Dialog auf Augenhöhe, echte Vereinbarungen bei der Festlegung von Aufgaben und Zielen. Wer aus dieser Haltung – diesem **Mindset** – heraus handelt, wird eigene Formulierungen finden und sein Gegenüber auch dann erreichen, wenn er sich einmal nicht optimal ausdrückt.

6. Leadership wird nicht nur direkt ausgeübt, sondern auch indirekt, durch die Verkörperung von Werten und ihr bewusstes Vorleben im Umgang mit anderen. Diese **Vorbildwirkung** eröffnet die Chance, auf Dauer das eigene Umfeld im Sinne der neuen Führungskultur zu prägen.

7. Eine wirksame Führungskraft erzeugt durch glaubwürdiges Auftreten und Kommunizieren eine entsprechende **emotionale Resonanz** bei ihrem Gegenüber – und damit genau die **innere Verfassung**, welche für die Umsetzung komplexer Aufgaben notwendig ist: Vertrauen und Offenheit, Selbstbestimmung und Verantwortung, Offenheit für Fakten und Realität, Bereitschaft zum Dialog, Selbstverpflichtung auf vereinbarte Ziele. Physiologisches Korrelat dieser Resonanz ist die Aktivierung entsprechender neuronaler Netzwerke im Gehirn durch Spiegelneuronen.

8. Die **Digitalisierung** macht Face-to-Face-Kommunikation nicht überflüssig, sondern im Gegenteil umso wichtiger. Die grundlegenden Aspekte einer Arbeitsbeziehung (z. B. gemeinsame Ziele, Interessenausgleich, Konfliktlösung) werden am besten im **persönlichen Dialog** verhandelt.

9. Die Leadership-Tools sind (auch) ein Modell für **Führung und Kooperation innerhalb neuer, agiler Arbeitsformen**. Sie bieten konkrete Handlungsoptionen angesichts verkürzter zeitlicher Rhythmen und Prozesse, stärkerer Ergebnisorientierung und drängenderen Fragen nach der Sinnhaftigkeit von Vorhaben im modernen Unternehmenskontext. Tools wie »Positiver Loop« (konstruktive Unterstellung), »Driver's Seat« (Selbstverantwortung), »Realitätsanker« (Macht des Faktischen), »Zielprojektion« (selbst generierte Ziele) und »Überzeugungssog« (zuverlässige Umsetzung des Vereinbarten) erleichtern die zielgerichtete Abstimmung auf Augenhöhe und erzeugen so Motivation und Mitgehen auch bei hohem Tempo.

10. **Leadership ist trainierbar** – auf den Ebenen Mindset und Verhalten. Voraussetzung ist die Bereitschaft, selbstbestimmt und aktiv gestaltend mit den Herausforderungen der VUKA-Welt umzugehen: beschleunigter Wandel/Change, Agieren in Netzwerken und Matrixstrukturen, Führen ohne Weisung, laterale Führung, Führen der Generation Y.

ANHANG

Übersicht über die Leadership-Tools

	POSITIVER LOOP	DRIVER'S SEAT	REALITÄTSANKER
Definition (Worum es bei dem Tool geht)	Beim Positiven Loop unterstellen Sie dem anderen konsequent eine positive Absicht und handeln aus einer konstruktiven Unterstellung heraus. So erreichen Sie, dass Ihr Gesprächspartner sich öffnet und aktiv zur Lösungsfindung beiträgt.	Aus einem Selbstverständnis der Selbstbestimmung heraus zu entscheiden und zu handeln – auf dem Fahrersitz Platz zu nehmen, statt die Verantwortung für eigenes Verhalten anderen oder »den Umständen« zuzuschieben.	Die Realität führt, nicht die Führungskraft. Ziele und Absprachen werden unmitte bar aus der betrieblichen un unternehmerischen Realität abgeleitet.
Verhalten (Gesprächstechniken und Beispiele)	**Bestätigung** *»Natürlich gehe ich davon aus, dass Sie gute Leistung bringen wollen.«* *»Ich weiß, es ist nicht angenehm, kontrolliert zu werden.«* **Zuhören und Präzisieren** *»Sie meinen also …«* *»Aus Ihrer Sicht sollte also …«* **Lösungsorientierte Sprache** *»Der Vorstand hat neue Anforderungen formuliert, die unser Quartalsziel modifizieren.«* **Selbsteröffnung** *»Angesichts Ihres hohen Engagements fällt es mir nicht leicht, Ihre Bitte abzulehnen.«*	**»Flughöhe Wahl« sprechen** *»Vor diesem Hintergrund habe ich zwei Optionen …«* **Wahl aufzeigen** *»Es ist Ihre Entscheidung, wie Sie Prioritäten setzen.«* *»Sie haben entschieden, den Termin nicht wahrzunehmen.«* **Vorschläge erfragen** *»Was schlagen Sie vor?«* *»Da sind Sie der Experte. Was meinen Sie denn?«* **Commitment absichern** *»Was heißt das jetzt abschließend für Sie?«* *»Was werden Ihre nächsten Schritte sein?«*	**Kommunikation der Realität** *»Die Verzögerung kostet die Fir 200.000 €.«* [+ Pause] **Bezugnahme auf Bodenpunkte** *»Also sind drei Neukunden pro Quartal als Bodenpunkt vereinbart.«* **Unausweichlichkeit aufzeigen** *»Wenn wir den Termin nicht einhalten, verlieren wir den Kunden.«* **Handlungsbedarf feststellen** *»Der Quartalsumsatz ist zum 3. Mal gesunken. Es besteht Handlungsbedarf.«* **Öffnende Konfrontation** [Dramaturgie + + + – – –]
Mindset (Mit welcher Einstellung Sie dieses Tool aktivieren)	Meine Grundannahme ist, dass mein Gegenüber eine positive Absicht hat. Ich gehe davon aus, dass mein Gegenüber ebenfalls zu einer Lösung kommen will. Auch wenn wir unterschiedlicher Meinung sind, unterstelle ich meinem Gegenüber eine positive Absicht. Ich gewähre bewusst einen Vertrauensvorschuss.	Alles, was ich tue oder lasse, ist Ausdruck meiner persönlichen Entscheidung. Auch wenn ich »lasse«, bin ich entschieden. Ich entscheide, ob ich tue oder lasse – immer! Meine »Flughöhe Wahl« macht mich selbstbewusst und souverän. »Opfer« ist keine Option. Mein Gegenüber wird dadurch ebenfalls zu mehr Eigenverantwortung motiviert (Resonanz).	Ich nutze die Realität zur Aktivierung des anderen. Durch Konzentration auf das, was ist, aktiviere ich eine sachliche Haltung beim Gegenüber. Das Verlassen der Komfortzone ist ein emotionaler Prozess, der vom Betroffenen selbst vollzogen werden mus Bodenpunkte sind wirksame als Anweisungen. Ich nehme mir Zeit für den emotionaler Prozess des Mitarbeiters.
Resonanz (Ihr Gegenüber wird …)	**positiv – zugänglich – offen**	**selbstbestimmt – verantwortlich – entschlossen**	**klar – sachbezogen – aktiv**
Erfolgsformel	**POSITIVES VERSTÄRKEN!**	**SELBSTBESTIMMT – IMMER!**	**REALITÄT AKTIVIERT!**

ZIELPROJEKTION	ÜBERZEUGUNGSSOG	MASTERPLAN
:r Verantwortliche stellt sich das el möglichst konkret als Ist-Zu- and bei Zielerreichung vor und trachtet die Schritte dorthin ıd mögliche Hindernisse auf m Weg von dieser Warte aus. e Führungskraft unterstützt es durch gezielte Fragen.	Wenn Sie Ihr Gegenüber nachhaltig für ein Vorhaben gewinnen wollen, erreichen Sie das nicht durch Druck. Ein Überzeugungssog entsteht, wenn Sie sachlich zwingend, empathisch und unter Berücksichtigung der Situation des anderen argumentieren.	Der Masterplan basiert auf fünf Stufen der Gesprächsführung, in denen die Leadership-Tools planvoll eingesetzt werden. Er dient der Aktivierung des Wollens beim Gegenüber und erhöht Ihre Wirksamkeit und Souveränität als Führungskraft.
elbild sprechen ielklarheit und Zuversicht reichen) *Vie könnte ein positives Ergebnis ür uns aussehen?«* *assen Sie uns die Situation vom Ergebnis her betrachten ...«* *Voran machen Sie den Erfolg fest?«* **ie-Haltung verkörpern** Wie! sprechen«) *Vie müssten wir aus Ihrer Sicht orgehen, damit es funktioniert? ch bin sicher, wir finden eine ösung.«* **elta Plus« sprechen** zenarien entwerfen) *Könnte dieses Thema interessant für ie sein?«*	**Einwandbehandlung emotional / Verständnis** *»Das ist tatsächlich anspruchsvoll und erfordert besondere Anstrengungen.«* **Einwandbehandlung rational / zwingende Argumentation** *»Wenn wir nicht innerhalb von drei Tagen liefern, gefährden wir ein großes Projektbudget, das uns über mehrere Jahre Aufträge verschafft ...«* **Pause** (demonstriert Gelassenheit; aktiviert den anderen, sich zu äußern) **Wertefragen** *»Worauf legen Sie Wert?«* *»Was genau möchten Sie erreichen?«*	**5 Schritte:** 1 Situationsdefinition (▶ Masterplan) 2 Kommunikation der Realität (▶ Realitätsanker) 3 Einwandbehandlung (▶ Überzeugungssog) 4 Herausarbeiten des Ziels (▶ Zielprojektion) 5 Abschluss (▶ Driver's Seat) (▶ Positiver Loop als Grundannahme) **5 Aktivierungen des Gegenübers:** 1 Ja zum Thema 2 Ja zur Realität 3 Ja zum Handlungsbedarf 4 Ja zur Lösung 5 Ja zum Tun Der Gesprächserfolg steht und fällt mit einer guten Vorbereitung, einer eindeutigen Situationsdefinition und der Reduzierung Ihres eigenen Redeanteils.
achhaltig wirksame Ziele sind lbst generiert. h überprüfe immer, ob ich beim nderen die Klarheit und das motionale« Commitment wirkh spüre. h habe die Zielprojektion in nstellung und Verhalten voll tomatisiert.	Echtes Überzeugen erfordert Zeit und Geduld. Ich achte genau darauf, ob mein Gesprächspartner aktiv den vorgeschlagenen Weg mitgeht. Der Überzeugungssog hat dann funktioniert, wenn mein Gesprächspartner das Ergebnis als Ausdruck seiner eigenen Entscheidung wertet. Die Erfolgschancen sind höher, wenn ich eigene Redeanteile begrenze und die Bedürfnisse und den Kontext des anderen berücksichtige.	Ich kommuniziere so, wie es eine moderne, vernetzte Unternehmenswelt erfordert. Ich bin vorbereitet, kenne die Rahmensetzung des Gesprächs und beachte die emotionale Dynamik. Ich weiß um mögliche Erfolgshindernisse wie Zeitdruck, Macherorientierung, voreilige eigene Vorschläge und zu wenig Zeit für die Einwandbehandlung. Mir ist bewusst, dass »Wollen« von innen kommen muss. Auch unter Druck bleibe ich entspannt und kontrolliere meine direktiven Impulse.
fokussiert – zuversichtlich – hartnäckig	**gesprächsbereit – engagiert – lösungsorientiert**	**motiviert – konstruktiv – committet**
ZIELE: SELBST GENERIERT!	**ÜBERZEUGUNG: PARTNER AKTIV!**	**WOLLEN KOMMT VON INNEN!**

Anmerkungen

»Ansagen« funktionieren nicht mehr

1 Quelle: Lotter 2015, S. 39 und S. 43.
2 Reinhard K. Sprenger, Das anständige Unternehmen. Was richtige Führung ausmacht – und was sie weglässt. München: Deutsche Verlags-Anstalt, 2. Aufl. 2015, S. 281.
3 Im Vorwort zu Purps-Pardigol 2015, S. 14.
4 Quelle: Albat 2013, Osterkamp 2006, Siefer 2010.
5 Cialdini 2017, S. 19f.

1. Das Spiel drehen: Positiver Loop

1 Vgl. z.B. Schulz von Thun et al. 2000, S. 33ff.
2 Vgl. Feuerborn, S. 44.
3 Sprenger 2015, S. 117ff.
4 Vgl. Rosenthal, Robert / Jacobson, Lenore F.: Pygmalion im Unterricht. Weinheim: Beltz 1983.
5 Purps-Pardigol 2015, S. 70f.
6 Fredrickson 2003, S. 166f.
7 Vgl. Feuerborn 2015, S. 72
8 Der genaue Urheber des Modells ist unbekannt. Im Bild des Eisbergs fließen Überlegungen von Sigmund Freud zum Unbewussten mit Ansätzen der Kommunikationstheorie (z.B. von Paul Watzlawick) zusammen.
9 Goleman et al. 2002, S. 24f. und S. 21.
10 Vgl. ebd., S. 61.

2. Selbst steuern: Driver's Seat

1 Corssen 2004, S. 40.
2 Sprenger, Reinhard K.: Die Entscheidung liegt bei dir! Wege aus der alltäglichen Unzufriedenheit. Frankfurt am Main: Campus 2016 (Neuauflage).
3 Kotter, John P.: Accelerate. Strategischen Herausforderungen schnell, agil und kreativ begegnen. München: Vahlen 2015.
4 Vgl. Pfläging, Niels: Organisation für Komplexität. Wie Arbeit wieder lebendig wird – und Höchstleistung entsteht. München: Redline, 3. Aufl. 2015.
5 Vgl. Lobacher, Patrick / Jacob, Christian / Haag, Julia: Der OKR-Guide – Objectives & Key Results. München: +Pluswerk Consulting März 2017.
6 Vgl. auch Cialdini 2017, S. 20.
7 Ebd., S. 45.
8 Vgl. Lyubomirsky et al. 2005.
9 Achor 2011.
10 Purps-Pardigol 2015, S. 32.
11 Achor 2012.
12 Zit. n. Purps-Pardigol, S. 73.
13 Sprenger 2015, S. 133.
14 Quelle: Jörg Schumacher et al.: »Bevölkerungsrepräsentative Normierung der Skala zur Allgemeinen Selbstwirksamkeitserwartung« (2001), im Internet unter http://userpage.fu-berlin.de/~health/swe_norm.pdf.
15 Bandura 1994, S. 71f.
16 Zit. n. Purps-Pardigol 2015, S. 11.
17 Quelle des Fallbeispiels: Dahlmann 2015, S. 117 und 119.
18 Vgl. Deci / Ryan 2000.
19 Vgl. Karasek 1982.
20 Vgl. Purps-Pardigol 2015, S. 81.
21 Vgl. Langer 1976.

3. Fakten sprechen lassen: Realitätsanker

1 Die EPA = Environmental Protection Agency.
2 Sprenger 2015, S. 78.
3 Watzlawick 2007, S. 7. Dort heißt es wörtlich: »Es soll ferner gezeigt werden, dass der Glaube, es gäbe nur eine Wirklichkeit, die gefährlichste all dieser Selbsttäuschungen ist.«
4 Vgl. Kahneman, Daniel: Schnelles Denken, langsames Denken. München: Penguin, 8. Aufl. 2012, hier S. 32ff.
5 Ebd., S. 128.
6 Ebd., S. 496ff.
7 Vgl. www.gordontraining.com/free-workplace-articles/learning-a-new-skill-is-easier-said-than-done/# (Zugriff am 16.05.2107).
8 Vielen, die über Agilität sprechen, ist nicht bewusst, dass in diesem Zusammenhang »agil« im Ursprung ein Akronym ist, das von Talcott Parsons kreiert wurde. Es steht für A-Adaption, G-Goal Attainment, I-Integration, L-Latency. Mit »Integration« sind dabei gemeinsame Normen und Werte gemeint; »Latency« beschreibt die Fähigkeit, grundlegende Muster unter sich wandelnden Bedingungen aufrechtzuerhalten (vgl. Parsons, Talcott: The Social System. London: Routledge 1951).
9 Quelle: »Agiles Management: Führungs-und Organisationsprinzip« (18.06.2015), Haufe Online Redaktion; im Internet unter www.haufe.de.
10 Vgl. z.B. http://derstandard.at/1259280658241/Nokia-meldet-Rezept-gegen-iPhone.
11 Greene 2006, S. 60.

4. Direktiv sein ohne Direktiven: Zielprojektion

1 Vieweg 2015, S. 37.
2. Vgl. »Change Management in unserer VUCA-Welt«; im Internet unter www.berlinerteam.de/blog/ (Zugriff am 21.03.2017).
3 Pfläging, Niels: Führen mit flexiblen Zielen. Beyond Budgeting in der Praxis. Frankfurt am Main: Campus 2006.
4 Drucker, Peter F.: People and Performance: The Best of Peter Drucker on Management. London/New York Routledge 1977, Kapitel 7, S. 60ff.

5 Vgl. Keller 2015, S. 84.
6 Signium International / Zukuftsinstitut 2013, S. 19, 31, 36.
7 Ebd., S. 30.
8 Klein 2016, S. 11f.
9 Vgl. Signium / Zukunftsinstitut 2013, S. 37: »Wenn der Job Spaß macht, bin ich bereit, alles zu geben«, sagen 77 Prozent der Befragten.
10 Vgl. Klein 2016, S. 13.
11 Parment 2013, S. 6.
12 Vgl. Wittwer / Heisig 2016, S. 150.
13 Hoch et al. 2009, S. 309.
14 Ebd.
15 Vgl. Kapitel 2: »Wer selbst wählt, brennt nicht aus«
16 Deci / Flaste 1996, S. 10 (Hervorhebung dort).
17 Quelle: www.bild.de/sport/fussball/joachim-loew/haengte-das-weltmeister-trikot-auf-36685272.bild.html
18 Purps-Pardigol 2005, S. 37.
19 Vgl. Fischer 2017.
20 Quellen: http://t3n.de/news/okr-google-wunderwaffe-valley-ziele-530092/ und www.mymuesli.com/blog/2015/08/28/wie-wir-arbeiten-das-okr-modell-von-google-bei-mymuesli/
21 Vgl. Lobacher et al. 2017, S. 9.
22 Vgl. Veuve 2008.
23 Heisig, Tobias / Wittwer, Alexander: »Diener vieler Herren – wie man die Matrix in Gang setzt«; in: MaschinenMarkt 15/2014, S. 22f.

5. Ein echtes Ja bekommen: Überzeugungssog

1 Vgl. Max Weber: Wirtschaft und Gesellschaft. Studienausgabe. Tübingen: Mohr Siebeck, 5. Aufl. 1972, S. 28.
2 Vgl. www.mediatorenausbildung.org/streit-um-die-orange-orangenbeispiel/
3 Trompenaars 2012, S. 24.
4 Vgl. Link 2015.

6. Aktivieren & Ergebnisse erzielen: Masterplan für zeitgemäße Führung

1 INQA 2014, S. 10 und S. 8.

2 Vgl. Petry 2015 (Befragt wurden 156 Führungskräfte und Personaler. Bei den »Mängeln aktueller Führungskräfte« nannten 35 % »offene Kommunikation«, gefolgt von »sicherem Umgang mit den sozialen Medien« (30 %), »regelmäßigem offenen Feedback« (29 %), »Transparenz« (28 %), »Offenheit für Kritik« (26 %) und weiteren Punkten).

3 https://www.aphorismen.de/autoren/person/3202/Professor+Dr.+h.c.+Manfred+Rommel

4 INQA 2014, S. 17.

5 Grant, Adam: Geben und Nehmen. Warum Egoisten nicht immer gewinnen und hilfsbereite Menschen weiterkommen. München: Droemer Knaur 2016.

6 Vgl. hierzu auch Heisig / Wittwer 2017.

7 Das Konfuzius-Zitat lautet wörtlich: »Gib einem Mann einen Fisch und du ernährst ihn für einen Tag. Lehre einen Mann zu fischen und du ernährst ihn für sein Leben.«

8 Näheres zum GTE, der nützliche Erkenntnisse im Führungskontext, im Verkauf wie auch in der Zusammenarbeit im Team ermöglicht, im Paper von Marco Behrmann, online zu finden unter http://ceveygroup.com/ceveysystems/wp-content/uploads/sites/4/2015/07/GTE-Brosch%C3%BCre.pdf

9 Kotter, John P.: Accelerate. Strategischen Herausforderungen schnell, agil und kreativ begegnen. München: Vahlen 2015.

10 Sprenger 2015, S. 224 und 230.

11 Kotter, John P.: Leading Change. Wie Sie Ihr Unternehmen in acht Schritten erfolgreich verändern. München: Vahlen 2011.

Literaturverzeichnis

Achor, Shawn: The Happiness Advantage. The Seven Principles of Positive Psychology that Fuel Success and Performance at Work. London: Virgin Books 2011.

Achor, Shawn: »Positive Intelligence«; in: Harvard Business Review Januar / Februar 2012, im Internet unter https://hbr.org/2012/01/positive-intelligence.

Albat, Daniela: »Spiegelneuronen: Psychopathen besitzen den Schalter fürs Mitgefühl«; in: Spiegel online, 15.07.2013, im Internet unter www.spiegel.de.

Bagozzi, Richard P.: »Positive and Negative Emotions in Organizations«; in: Cameron, Kim S. / Dutton, Jane E. / Quinn, Robert E. (Hrsg.): Positive Organizational Scholarship. San Francisco: Berrett-Koehler 2003, S. 176 ff.

Bandura, Albert: »Self-efficacy«; in Ramachandran, Vilayanur S. (Hrsg.), Encyclopedia of Human Behavior, New York: Academic Press, Bd. 4, S. 71ff.

Behrmann, Marco: »Give & Take Evaluation (GTE)«, CEVEYSYSTEMS, im Internet unter http://ceveygroup.com/ceveysystems/wp-content/uploads/sites/4/2015/07/GTE-Brosch%C3%BCre.pdf

Behrmann, Marco: Verhandeln und Überzeugen. Göttingen u. a.: Hogrefe 2013.

Cialdini, Robert: Die Psychologie des Überzeugens. Ein Lehrbuch für alle, die ihren Mitmenschen und sich selbst auf die Schliche kommen wollen. Bern: Huber, 5. Aufl. 2007.

Cialdini, Robert: Pre-Suasion. Wie Sie bereits vor der Verhandlung gewinnen. Frankfurt am Main: Campus 2017.

Corssen, Jens: Der Selbst-Entwickler. Wiesbaden: Beust 2004.

Dahlmann, Frank: »Mach doch mal 'ne Ansage«; in: Brand eins 03/2015, S. 116 ff.

Deci, Edward L. / Flaste, Richard: Why We Do What We Do: Understanding Self-Motivation. London: Penguin 1996.
Feuerborn, Jörg: Positive Psychologie. Freiburg: Haufe-Lexware 2016 (= Haufe Taschenguide).
Fischer, Andrea: »Hat das Jahresgespräch mit dem Chef bald ausgedient?«; in: Tages-Anzeiger vom 06.03.2017.
Frederickson, Barbara L.: »Positive Emotions and Upward Spirals in Organizations«; in: Cameron, Kim S. / Dutton, Jane E. / Quinn, Robert E. (Hrsg.): Positive Organizational Scholarship. San Francisco: Berrett-Koehler 2003, S. 163 ff.
Goleman, Daniel / Boyatzis, Richard / McKee, Annie: Emotionale Führung. München: Econ 2002.
Grant, Adam: Geben und Nehmen. Warum Egoisten nicht immer gewinnen und hilfsbereite Menschen weiterkommen. München: Droemer Knaur 2016.
Greene, Robert: Power. Die 48 Gesetze der Macht. München: dtv, 6. Aufl. 2006.
Heisig, Tobias / Wittwer, Alexander: »Diener vieler Herren – wie man die Matrix in Gang setzt«; in: MaschinenMarkt 15/2014, S. 22 f.
Heisig, Tobias / Wittwer, Alexander: »Altruismus und Erfolg«; in: personalSCHWEIZ April 2017, S. 38 ff.
Hoch, Julia / Wegge, Jürgen/Schmidt, Klaus-Helmut (2009): »Führen mit Zielen«, in: report psychologie Jg.34, H. 7/8, S. 309–320.
Initiative Neue Qualität der Arbeit (INQA) (Hrsg.): Führungskultur im Wandel. Kulturstudie mit 400 Tiefeninterviews. Berlin: INQA 2014; im Internet unter www.inqa.de.
Kahneman, Daniel: Schnelles Denken, langsames Denken. München: Penguin, 8. Aufl. 2012.
Karasek, Robert: Healthy Work. Stress, Productivity, and the Reconstruction of Working Life. New York: Basic Books, überarb. Aufl. 1992.
Keller, Anika: »Ziel verfehlt«; in: Brand eins 03/2015, S. 84 ff.
Klein, Helmut: Studie: »Die Generation Y und deren organisatorische Implikationen« (= Weidener Diskussionspapiere Nr. 56, März 2016); im Internet unter www.oth-aw.de/files/oth-aw/Aktuelles/Veroeffentlichungen/WEN-Diskussionspapier/WEN-DPs-PDF/DP56.pdf.
Kotter, John P. / Rathgeber, Holger: Das Pinguin-Prinzip. Wie Veränderung zum Erfolg führt. München: Droemer 2006.

Kotter, John P.: Leading Change. Wie Sie Ihr Unternehmen in acht Schritten erfolgreich verändern. München: Vahlen 2011.

Kotter, John P.: »Accelerate!«; in: Harvard Business Review. November 2012; im Internet unter https://hbr.org/archive-toc/BR1211.

Kotter, John P.: Accelerate. Strategischen Herausforderungen schnell, agil und kreativ begegnen. München: Vahlen 2015.

Langer, Ellen / Rodin, Judith: »The effect of enhanced personal responsibility for the aged: a field experiment in an institutional setting«; in: Journal of Personality and Social Psychology 34, 1976, S. 191ff.

Link, Oliver: »Ein Mann der Mitte. Einblick in das Seelenleben eines Mittelmanagers«; in: Brand eins 03/2015, S. 110ff.

Lobacher, Patrick / Jacob, Christian / Haag, Julia: Der OKR-Guide – Objectives & Key Results. München: +Pluswerk Consulting. März 2017 (Download im Internet unter www.okr-beratung.de/assets/pdf/okr-guide-free.pdf).

Lotter, Wolf: »Die Chefsache«; in: Brand eins 03/2015 (Schwerpunkt: Führung), S. 38ff.

Lyubomirsky, Sonja / King, Laura / Diener, Ed: »The Benefits of Frequent Positive Affect: Does Happiness Lead to Success?«; in: Psychological Bulletin 2005, Vol. 131, No. 6, S. 803ff.

Osterkamp, Jan: »Hirnforschung: Körperlos sind wir nichts«; in: Spektrum der Wissenschaft, 19.09.2006, im Internet unter www.spektrum.de.

Parment, Anders: Die Generation Y – Mitarbeiter der Zukunft motivieren, integrieren, führen. Wiesbaden: Springer Gabler, 2. Aufl. 2013.

Petry, Thorsten: »Führungskräften mangelt es oft noch an Digitalkompetenz«; in: Human Resources Manager 6/2014, S. 86f.

Pfläging, Niels: Führen mit flexiblen Zielen. Beyond Budgeting in der Praxis. Frankfurt am Main: Campus 2006.

Pfläging, Niels: Organisation für Komplexität. Wie Arbeit wieder lebendig wird – und Höchstleistung entsteht. München: Redline, 3. Aufl. 2015.

Purps-Pardigol, Sebastian: Führen mit Hirn. Mitarbeiter begeistern und Unternehmenserfolg steigern. Frankfurt am Main: Campus 2015.

Schulz von Thun, Friedemann / Ruppel, Johannes / Stratmann, Roswitha: Miteinander reden: Kommunikationspsychologie

für Führungskräfte. Reinbek bei Hamburg: Rowohlt 2000 (und zahlreiche Neuauflagen).
Siefer, Werner: »Hirnforschung: Die Zellen des Anstoßes«; in: Die Zeit vom 16.12.2010, im Internet unter www.zeit.de.
Signium International / Zukunftsinstitut: Generation Y: Das Selbstverständnis der Manager von morgen. Düsseldorf 2013 (Download im Internet unter www.zukunftsinstitut.de/fileadmin/user_upload/Publikationen/Auftragsstudien/studie_generation_y_signium.pdf).
Sprenger, Reinhard K.: Das anständige Unternehmen. Was richtige Führung ausmacht – und was sie weglässt. München: Deutsche Verlags-Anstalt, 2. Aufl. 2015.
Sprenger, Reinhard K.: Die Entscheidung liegt bei dir! Wege aus der alltäglichen Unzufriedenheit. Frankfurt am Main: Campus 2016 (Neuauflage).
Trompenaars, Fons: »Auf ein höheres Niveau der Problemlösung kommen«; in: Wirtschaft + Weiterbildung 07-08/2012, S. 24 f. (Interview).
Veuve, Alain: »Unternehmensmodell des Digitalen Zeitalters: Das Agile Unternehmen« (2008); im Internet unter www.alainveuve.ch/das-unternehmensmodell-fuer-das-digitale-zeitalter-agiles-unternehmen/.
Vieweg, Wolfgang: Management in Komplexität und Unsicherheit. Für agile Manager. Wiesbaden: Springer Fachmedien 2015.
Watzlawick, Paul: Wie wirklich ist die Wirklichkeit? Wahn, Täuschung, Verstehen. München: Piper, 5. Aufl. 2007.
Wittwer, Alexander / Heisig, Tobias: »Generation Y: Überflieger mit hohen Ansprüchen«, in: personalSCHWEIZ Juli 2016, S. 148 ff.

Dank

Dieses Buch konnte nur entstehen, weil wir in den letzten 25 Jahren die Gelegenheit hatten, mit Tausenden von Seminar- und Workshop-Teilnehmern in Deutschland, Europa, Nordamerika und Asien die Fragen von Führung, Leistung, Einfluss und Aktivierung zu reflektieren, die Anwendung der Leadership-Tools praktisch zu üben und durch unsere konkreten Erfahrungen die Konzepte und Methoden kontinuierlich zu verbessern. Mein Dank gilt also in allererster Linie den Führungskräften, die sich uns anvertraut haben und die wir bei der Entwicklung ihrer Führungskompetenzen begleiten und hoffentlich etwas erfolgreicher machen konnten.

Wir – das sind die Geschäftsführer und Partner in der CEVEYGROUP, Tobias Heisig, Alexander Wittwer und ich, die seit 20 Jahren wesentlich dazu beitragen, unsere Organisation und unser Know-how zu entwickeln und zu verfeinern. Wir – das sind auch unsere Kolleginnen und Kollegen Mathias Kotowski, Marco Behrmann, Thomas Frodeno, Johanna van Staa, Susanna Feldmeyer, Jennifer Withelm und Bruno Haller sowie Gopal Rajguru und Alessandra Ringstad für Nordamerika, speziell Vancouver. Sie alle wenden seit vielen Jahren die Leadership-Tools in ihren Seminaren und Workshops an und machen sie für Firmen und Teilnehmer nutzbar. Wir – das sind Ruth Landwehr, die mit Ausdauer und Energie unsere Workbooks kontinuierlich optimiert, Nicole Soiniemi, die das gebündelte Know-how in die mobilen Applikationen 3Ecoach und Skill-Trainer integriert, und Carmen Aldinger, die für Grafik und Gestaltung verantwortlich ist. Nicht zu vergessen Meike Roelofsen, die uns mit ihrem Fokus auf Organisation und Finanzen immer wieder auf den Boden der Tatsachen zurückführt. Jürgen Baumann trägt als Partner der CEVEYSYSTEMS sehr dazu bei, die Umsetzung der Tools so zu gestalten, dass wir auch in der digitalen und mobilen Welt die »soften Themen« von Leadership und Social Skills inzwischen sehr gut platzieren können.

In der über 20-jährigen Zusammenarbeit mit Anette Labaek haben wir gemeinsam viele Übungen und praktische Umsetzungen der Tools entwickelt. Heinrich Moser hat mich immer wieder gefordert, Konzepte und Fragestellungen zu überdenken und zu korrigieren. Jan Pezarro, die ehemalige Geschäftsführerin von Nordamerika, hat mir schon sehr früh dazu geraten, unsere Erfahrungen und Erkenntnisse in skalierbare Einheiten – sprich Tools – zu bündeln.

Mein Dank gilt dem ZfU – Zentrum für Unternehmensführung – in Zürich. Seit fast 30 Jahren führen wir gemeinsam öffentliche Leadership-Seminare und -Lehrgänge durch, in denen sich Führungskräfte aus den verschiedensten Branchen treffen, um ihre Erfahrungen zu teilen und gemeinsam zu lernen. Stellvertretend möchte ich nennen: Claudia Buzelli, Volker Stadlmüller und Manuela Palla.

Eric Kung aus Hongkong mit seiner Firma Human Dynamic, unser Kooperationspartner in Asien, nutzt als Standard für das Business Leadership Coaching (BLC) von Executives unsere Leadership-Tools und unser Online Assessment LPE (Leadership Potential Evaluation). Es zeigt sich, dass diese Erfolgsprinzipien nicht auf die westliche Welt beschränkt, sondern in Asien in ähnlicher Weise wirksam sind.

Mein Dank gilt allen Personen, die die Entstehung des Buches mit vollem Einsatz begleitet haben: Sandra Krebs und André Jünger vom GABAL Verlag und meine Lektorin Eva Gößwein, die sich maximal unterstützend und sehr pragmatisch in allen Umsetzungsfragen gezeigt haben.

Im Folgenden noch die Namen von Personen, die ich mit den Leadership-Tools in Verbindung bringe, weil sie davon begeistert waren, sie in ihren Organisationen verbreitet haben, sie infrage gestellt haben oder sonst eine wichtige Rolle gespielt haben:

Marie Aldag, Steffen Arpagaus, Beatrice Backlund, Reinhard Bierhoff, Angelica Bochsler, Jessica Böhle, Reinhard Bohn, Tina Christiansen, Petra Danielsohn-Weil, Klaus Engelbertz, Fritz Haslbeck, Hans-Joachim Hermann, Stefan Kampmann, Joachim Kettelhack, Gerd Konzen, Roger Lang, Sigrun Ortmanns, Valeria und Bill Schiemann, Daniel Schläpfer, Stephan Teuber, Jörg Tiemann, Andreas Weippert.

Last, but not least – mein ganz spezieller Dank gilt meiner lieben Frau Susanne Trendelenburg, ohne die dieses Buch definitiv nicht entstanden wäre.

Personen- und Stichwortverzeichnis

Der Autor

Bernhard Cevey, Dr. rer. soc., Diplom-Psychologe. Studium der Psychologie mit naturwissenschaftlicher Prägung. Schwerpunkte: Verhaltenspsychologie, psychologische Interventionsmethoden, Psychosomatik und Neurophysiologie.

Langjährige Erfahrung als Berater und Trainer. Fokus: wirksame Kommunikation, Führung und Motivation, Leistung und Wirksamkeit von Personen in hohen Anforderungssituationen. Entwicklung von Konzepten, in denen Menschlichkeit und Freude an der Arbeit mit hoher Leistung verbunden werden – auch und gerade in einer neuen, komplexen Arbeitswelt.

Gründer und CEO der CEVEYGROUP, einer international agierenden Beratung. Projekte: Unternehmensentwicklung in den Bereichen Leadership, Changemanagement, Strategieumsetzung, Vertriebsentwicklung sowie Implementierung von wirksamen Lern- und Trainingsarchitekturen. Entwicklung innovativer mobiler Tools zur Unterstützung und Dynamisierung von Lernprozessen (»e-Coaches«).

Die Autoren des Vorworts

Dr. Alexander Wittwer und Dr. Tobias Heisig, Mitgründer der CEVEYGROUP und Geschäftsführer der CEVEY-CONSULTING GmbH gehören zu den gefragten Beratern für die Themen Führung, Veränderung und Vertrieb. Sie kommen immer dann ins Spiel, wenn komplexe Situationen spezifische Vorgehensweisen erfordern, die inspirierend, authentisch und wirksam sind.

3Ecoach

Mobile Applikation für die Umsetzung der 6 Leadership-Werkzeuge

Hat Ihnen das Buch mit den 6 Leadership-Tools gefallen? Die beschriebenen Werkzeuge können Sie mit Hilfe unserer Lernplattform **3E**coach noch weiter vertiefen.

3E steht für Education, Exposure und Experience. Lernen durch Education, also Wissensvermittlung steht für 10 %, Lernen durch Exposure, also aktives Training bzw. Feedback für 20 % des Lernerfolges. 70 % Wirksamkeit von Lernen geschieht, wenn wir neue Erkenntnisse im Alltag anwenden und konkrete Erfahrungen sammeln. Dies gilt auch für die Erkenntnisse, die Sie durch das Lesen des Buches gewonnen haben.

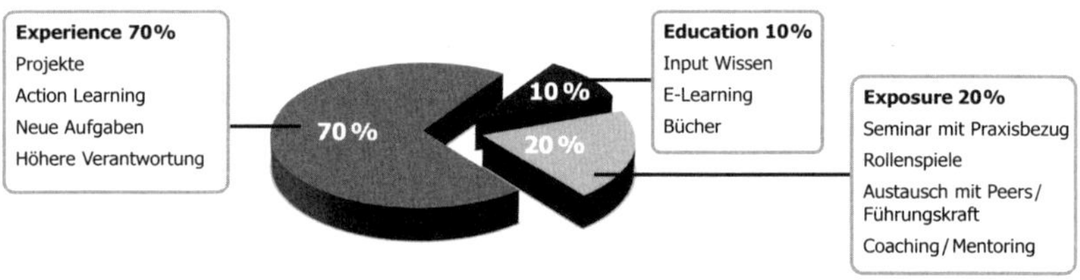

Wir unterstützen diesen Lernprozess durch die Bereitstellung einer mobilen Lernplattform für Smartphones, in der Lerninhalte, persönliche Transfer-Schritte und Aktionspläne enthalten sind. Neue Erfahrungen können leicht gespeichert werden und helfen, das Verhalten auch auf andere Situationen anzuwenden.

Mit Hilfe des **3E**coaches können Sie Ihre wesentlichen Erkenntnisse und Schlussfolgerungen auf der mobilen Plattform bereitstellen und haben das Wissen für jede Anforderungssituation im Alltag verfügbar.

Möchten Sie mehr erfahren?
Schicken Sie uns eine E-Mail: info@ceveysystems.com –
Stichwort: Das Ende der Anweisung
www.ceveysystems.com